高等学校文化素质教育（自然科学类）系列教材

娄亚敏 编著

数学与现代生活

南京大学出版社

图书在版编目(CIP)数据

数学与现代生活 / 娄亚敏编著. -- 2 版. -- 南京:
南京大学出版社,2015.2(2022.10 重印)

高等学校文化素质教育(自然科学类)系列教材

ISBN 978 - 7 - 305 - 14454 - 7

Ⅰ.①数… Ⅱ.①娄… Ⅲ.①应用数学-高等学校-
教材 Ⅳ.①O29

中国版本图书馆 CIP 数据核字 (2014) 第 295682 号

出版发行	南京大学出版社
社 址	南京市汉口路 22 号 邮编 210093
出 版 人	金鑫荣
丛 书 名	高等学校文化素质教育(自然科学类)系列教材
书 名	数学与现代生活
编 著	娄亚敏
责任编辑	吴 华 编辑热线 025 - 83596997
照 排	南京开卷文化传媒有限公司
印 刷	南京鸿图印务有限公司
开 本	787×960 1/16 印张 9.75 字数 207 千
版 次	2015 年 2 月第 2 版 2022 年 10 月第 3 次印刷
ISBN	978 - 7 - 305 - 14454 - 7
定 价	29.80 元

网 址:http://www.njupco.com
官方微博:http://weibo.com/njupco
官方微信号:njupress
销售咨询热线:(025)83594756

彩图1 埃舍尔作品《麦比乌斯带》

彩图2 埃舍尔作品《瀑布》

彩图3 埃舍尔作品《画廊》

彩图4 巴黎圣母院

彩图5 泰姬陵

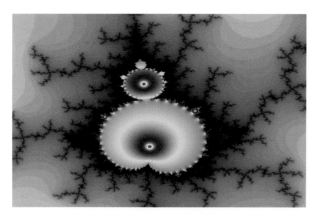

彩图6 曼德布罗特集合

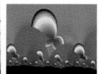

彩图7 分形图片

前　言

在信息爆炸、注重实际的社会里,数学若仍以理想、纯真、追求象牙塔内本真的形象出现,那无疑会使学生不愿接受,甚至排斥.那么,能否放下高高在上、自我陶醉的架子,不要让学生感叹:学数学有什么用?不要让数学教师难堪:你们教这些到底有什么意义?让数学与现代生活零距离,这就是本教材编写的目的.它不仅可以拓宽视野、激发求知兴趣,而且可以使学生展开思维的翅膀,学以致用.

数学是研究数量关系和空间形式的科学,数学与人类的活动息息相关.数学教育作为促进学生全面发展教育的重要组成部分,一方面要使学生掌握现代生活和学习中所需要的数学知识技能,另一方面要发挥数学在培养人的逻辑能力和创新思维方面的功能.

数学本来是一门很有用的学科.自从人类出现在地球上那天起,人们便在认识世界、改造世界的同时对数学有了逐渐深刻的了解.早在远古时代,就有原始人"涉猎计数"与"结绳记事"等种种传说.可见,在早期一些古代文明社会中已产生了数学的开端和萌芽,在公元前3000年左右巴比伦和埃及数学出现以前,人类在数学上没有取得更多的进展,而在公元前600~公元前300年间古希腊学者登场后,数学便开始"作为一门有组织的、独立的和理性的学科"登上了人类发展史的大舞台.

如今,数学知识和数学思想在工农业生产和人们日常生活中有着极其广泛的应用.譬如,人们购物后须记账以便年终统计查询,去银行办理储蓄业务,查收各住户水电费用等,这些又利用了算术及统计学知识.此外,社区和机关大院门口的"推拉式自动伸缩门"、运动场跑道直道与弯道的平滑连接、底部不能靠近的建筑物高度的计算、隧道双向作业起点的确定、折扇的设计以及黄金分割等,则是平面几何中直线图形的性质及解直角三角形有关知识的应用.

由此可见,古往今来,人类社会都是在不断了解和探究数学的过程中得到发展进步的,数学对推动人类文明发展起了举足轻重的作用.

本教材立足于拓展学生视野,以跨学科的多元视角,突出体现了素质教育的时代要求,为非数学专业本科生在数学工具课之外开辟了提高数学文化素养的全新途径,提示了一些有价值的研究方向,引导学生更为具体生动地体会与理解数学的价值及数学方法现实与潜在的巨大力量,激发学生学习数学的热情.

本课程的开设是基于这样两个理念:"人人学有用的数学,有用的数学应当为人人所学,不同的人学不同的数学"和"数学教育应努力激发学生的学习情感,将数学与学生的生活、学习联系起来,学习有活力的、活生生的数学". 它对先修课程要求不高,只是作为文化修养类的课程,无论哪个专业的学生都可选. 本书按数学知识点从易到难的顺序,着重于看得见、摸得着的身边事例,用数学的方式解释现象、揭示规律. 每个小节,都以现象或问题开始,然后详细剖析背后的数学原理以及切入的视角,只有第六章是只点拨不详讲. 教材内容既有小学、初等数学水平的,也渗透了现代数学前沿内容,有坡度、有情趣,打破了原有数学教材一贯"冷冰冰的面孔",既颠覆了"数学无用"的观点,又使学生得到人文方面的熏陶.

本课程主要涵盖六大块内容:

➢ 第一章:数学与娱乐生活(6课时)

抢数、纸牌、数独、读心术、七巧板、结绳与九连环游戏等,主要是通过游戏揭示背后的数学原理.

➢ 第二章:数学与文化生活(6课时)

数学与文学、艺术、哲学等的共通之处,主要通过欣赏活动激发所学者的学习兴趣.

➢ 第三章:数学与日常生活(4课时+2课时实践)

蜜蜂的蜂窝、花瓣数的规律、向日葵的螺旋、菠萝的切法等,身份号码、条形码和密码编制,合理安排等,主要欣赏自然界蕴涵的数学规律及日常生活中蕴涵的数学思想.

➢ 第四章:数学与经济生活(6课时+2课时实践)

储蓄、贷款、投保、股票交易、估计投资风险等,此章主要涉及大学里的极限、线性规划和概率统计知识,解释现代经济生活中必须面对的理财难题.

➢ 第五章:数学与政治生活(可选讲)

选举、投票、计票方式等有关的数学支撑.

➢ 第六章:数学与混沌世界(4课时)

谢尔宾斯基三角形、曼德布罗特集合、雪花曲线,计算机迭代,蝴蝶效应等,此章揭示现代数学重要分支——分形几何和迭代的有关知识,但只通过通俗易懂的实例和计算机模拟来解释这一新学科.

目　录

在教育中融入游戏精神,是教育回归生命本真的路径. 现代人的娱乐生活是丰富多元的,看电影、看电视、唱卡拉 OK、玩游戏、打牌、搓麻将、旅游等等. 这些活动看上去与数学无关,但深究一下,或多或少有那么一点联系. 例如,比赛、游戏规则公平性的确定,打牌、搓麻将时的推理分析,旅游经费的预算、路线的最优化等. 在这些娱乐生活中,也许游戏活动是最具有挑战性和最容易带来成就感的.

　　游戏是人类的天性,孩子们无不痴迷于游戏,即使成年人,也常常经不住游戏的诱惑,毕竟玩总是快乐的! 人们投身于愉快的游戏中,想在游戏中获胜,就会出现废寝忘食的忘我状态. 在游戏中人的思维被激活,创造灵感会迸发,在竞争中获得愉悦,在 PK 中获得满足,游戏是伴随一生的必然需求. 游戏的特点:有一定规则,充满竞争的刺激,自由、平等、合作,伴随着激情投入,紧张、愉快、幸福的体验. 由数学而编制出来的游戏有很多,这里只介绍其中几个较为典型而又大众化的游戏. 这些游戏会使你大开眼界,你会发现数学实在是太奇妙了,数学比想象的更可爱、更有趣. 通过本章的学习,不仅会使你学到不少数学的知识,而且会使你变得更聪明、更能干,你的数学素养也能快速地提高.

第一节　抢(让)数游戏

　　问题:甲乙二人轮流顺次报数,每人每次最少报 1 个数,最多报几个数,谁先抢到目标数,谁就获胜.你能找到抢数获胜的规律吗?

　　例 1-1　(1)目标数为 24,规定每人每次最少报 1 个数,最多报 3 个数,先抢到 24 的人获胜.

　　(2)目标数为 24,规定每人每次最少报 1 个数,最多报 4 个数,先抢到 24 的人获胜.

　　(3)目标数为 24,规定每人每次最少报 2 个数,最多报 5 个数,先抢到 24 的人获胜.

　　(4)目标数为 76,规定每人每次最少报 2 个数,最多报 3 个数,先抢到 76 的人获胜.

如果把上面的"抢"改为"让",同样经过上四站,你能得出获胜的策略吗?

考虑抢数问题,需逆向思考,要想抢到 24,前一步必须抢住哪个关键数? 再前一步又应抢住哪个数……,直至第一步应抢住的数,由此发现每步间隔规律及第一步到底应先报还是后报? 由此得取胜秘籍:(1) 先求出规则中所报数的最少个数与最多个数的和;(2) 寻找这个和与所抢数的倍数关系(整倍数或整倍数多几);(3) 决定每次报数应占领什么数,是占领倍数数还是占领比倍数多几的数;(4) 根据应占领的数,确定应先报还是后报. 若是让数游戏,则只要把它转化为抢所让数减 1 或 2 即可.

第二节　纸牌游戏

将一副 54 张扑克牌的正副司令拿掉,J,Q,K,A 分别当作数字 $11,12,13$ 和 1,然后平均分成四堆或两堆,以便四个人或两个人一起玩. 每人随机抽牌,进行算术运算,规则:每个数字只能用一次,但运算可重复,最后使其结果恰为 24. 最快算出答案者,可把四张牌全拿走,算不出的,各自把自己的牌拿走,以手中牌最多者获胜,这就是利于提高数学心算能力与技巧的"24"点游戏.

> 问题一:只能用 $+,-,\times,\div$ 运算符号(可以重复用),如何将 $3,3,3,3$ 或 $5,5,5,1$ 算成 24?
>
> 答:$3\times3\times3-3=24$　　　　　$5\times(5-1\div5)=24$
>
> 问题二:可用 $+,-,\times,\div$,开方,乘方运算(可以重复用),如何将 $5,5,5,3$ 算成 24?
>
> 答:$(5^3-5)\div5=24$

"算 24 点"作为一种扑克牌智力游戏,应注意计算中的技巧问题. 计算时,我们不可能把牌面上的 4 个数的不同组合形式一一去试,更不能瞎碰乱凑. 这里向大家介绍几种常用的、便于学习掌握的方法:

(1) 利用 $3\times8=24,4\times6=24$ 求解. 把牌面上的四个数想办法凑成 3 和 8,4 和 6,再相乘求解. 如 $3,3,6,10$ 可组成 $(10-6\div3)\times3=24$ 等. 又如 $2,3,3,7$ 可组成 $(7+3-2)\times3=24$ 等. 实践证明,这种方法是利用率最大、命中率最高的一种方法.

(2) 利用 $0,1$ 的运算特性求解. 如 $3,4,4,8$ 可组成 $3\times8+4-4=24$ 等. 又如 $4,5,J,K$ 可组成 $11\times(5-4)+13=24$ 等.

(3) 在有解的牌组中,用得最为广泛的是以下六种解法(我们用 a,b,c,d 表示牌面上的四个数):

① $(a-b)\times(c+d)$，如 $(10-4)\times(2+2)=24$ 等.

② $(a+b)\div c\times d$，如 $(10+2)\div 2\times 4=24$ 等.

③ $(a-b\div c)\times d$，如 $(3-2\div 2)\times 12=24$ 等.

④ $(a+b-c)\times d$，如 $(9+5-2)\times 2=24$ 等.

⑤ $a\times b+c-d$，如 $11\times 3+1-10=24$ 等.

⑥ $(a-b)\times c+d$，如 $(4-1)\times 6+6=24$ 等.

游戏时,同学们不妨按照上述方法试一试.需要说明的是:经计算机准确计算,一副牌(52 张)中,任意抽取 4 张可有 1 820 种不同组合,其中有 458 个牌组算不出 24 点,如 A,A,A,5 等.

> 问题之三:给定一定数目的扑克牌后,最多能捉住哪些"老鼠"和几只"老鼠"? 什么样的排列能按一定次序捉住一定数目的"老鼠"?

这就是另一种纸牌游戏,叫做"捉老鼠".玩法是这样的:将一组标着数码 $1,2,3,\cdots,n$ 的一组纸牌乱洗一通之后,牌面向上摆成一个圆圈.游戏从任一张开始顺着一个绕向转圈,同时点数.如果口中数到 k 时,点到的牌上的数码恰好也碰到 k,这时就叫捉住了"老鼠",这时游戏人就把这张牌取走,然后开始重新再数.如果游戏人终于把所有的牌都取走了,那么就算他赢了,如果在任何时候他口里已经数到 n 而一只"老鼠"都没捉到,那么就算他输了.

显然,假定给出 n 张牌,如果顺时针方向数,只要把纸牌按顺时针方向从小到大顺次排列,就最多可捉到 n 只"老鼠".

法国人玩的"十三点"游戏与捉老鼠游戏有点类似.这种游戏用的是一副 52 张扑克牌(J,Q,K 分别当作 11 点、12 点、13 点).游戏人在每次开始前说好赢时赢多少、输时输多少,然后在顺次取 13 张牌的同时呼叫 $1,2,3,\cdots,13$,以叫号碰上所取牌的点数为赢,否则为输.

第三节　数独游戏

"数独"(sudoku)来自日文,但概念源自"拉丁方块",是 18 世纪瑞士数学家欧拉发明的.游戏规则很简单:在九个九宫格里,填入 1 到 9 的数字,让每个数字在每个行、列及九宫格里都只出现一次.谜题中会预先填入若干数字,其他宫位则留白,玩家得依谜题中的数字分布状况,逻辑推敲出剩下的空格里是什么数字.

方格里摆几个数字,乍看之下好像没什么.但"数独"好玩之处,就在其中推敲的过程以及解答出来的成就感. 自从台湾引进数独后,玩过的人都说好玩,除非根本没玩过,否则没有听说玩过之后觉得不好玩的. 由于规则简单,却变化无穷,在推敲之中完全不必用到数学计算,只需运用逻辑推理能力,所以男女老少都可以玩,而且容易入手、容易入迷,一玩就上瘾.

只需九个九宫格及 1 到 9 不重复的阿拉伯数字,也超越了文字的障碍,因此自从出现后,从东方到西方,风靡亿万人. 有些人认为玩"数独"是他们缓解工作压力的最佳方式;有些人认为玩"数独"可以保持头脑灵活,尤其适合老年人;也有些老师和父母觉得玩"数独"需要耐心、专心和推理能力,所以拿"数独"当题目出给学生练习,用来训练小孩子. 最近英国政府出资的《教师》杂志甚至建议把"数独"引进课堂,因为数独不仅有趣好玩,还可以增进玩者的逻辑推理能力,所以可以作为学生锻炼脑力的教材.

数独到底有多大的魅力呢? 只要上网使用任何一个搜寻引擎键入"sudoku"或"数独"后进行搜寻,千百万个符合的网页将被列出来,有些是专业的网站,更多的是玩家发表玩后心得或感想的讨论,看过之后,你就不会认为言过其实了.

"数独"创立之初,并没有得到应有的注目,直到 20 多年前才风靡日本及欧美. 美国人重新挖掘了它的魅力,接着 20 世纪 80 年代末期日本杂志出版商在一本美国杂志上看到这个游戏,带回日本后,增加它的游戏难度,并命名为"数独"(sudoku),"数独"游戏就此诞生,越来越多的日本人注意并喜欢上了它,日本的书局还出版了许多"数独"的书. 新西兰裔英籍退休法官韦恩·古德(Wayne Gould)1997 年在日本旅游时,买了一本"数独"游戏书,从此就迷上它了,进而研究出计算机程序,并供稿给全球十几家报社,立即受到读者的热烈回响,邀他供稿的媒体还在不断增加中. 据说,"数独"还成为英国报纸销售量的法宝,连美国《纽约时报》也无法阻挡它的魅力,开始定期登载.

下面介绍 3 种最简单也是最行之有效的方法(理解后可以解决所有入门题和相当部分的进阶题).

一、考虑某个数字该填入哪格

1. 优先考虑行、列

先思考应该将 1 填入第三行的哪个空格中. 因为有×的空格位于方阵内,且其中已含 1 则不能再填,故能填 1 的只有○的空格,如图 1-1 所示.

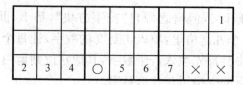

图 1-1

2. 优先考虑方阵

先思考将 1 添入左上方方阵中的哪个空格,因横行、竖列中 1 分别只能出现一次,那么 1 只能填入○空格内,如图 1-2 所示.

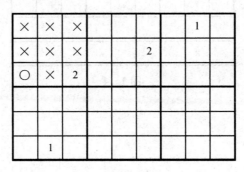

图 1-2

二、考虑某个空格应该填入哪个数字

1. 优先考虑行、列

先考虑○空格中应该填入哪个数字.观察图 1-3,即可发现,除 9 以外的数字都已被填入所在的横行、竖列中,故○空格处只能填入数字 9.

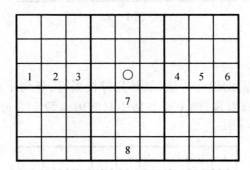

图 1-3

2. 优先考虑方阵

同样的,先考虑○空格中应该填入哪个数字.方阵内已有数字 1~4,○空格所在横行、竖列又有数字 5~8,则○处必须填入数字 9,如图 1-4 所示.

1		2			
3		4			
	○		5		6
	7				
	8				

图 1-4

三、复合技巧

1. 优先考虑行、列

○空格中应该填入哪个数字呢？在此之前先思考一下两个☆空格处所应填入的数字. 我们可以发现，从横行看，两个☆空格处只能填入 1,2(顺序可不同)，也就是都已成为定数. 那么，或者填入☆空格，或者填入○空格的数字 3 就只能填入○空格内，如图 1-5 所示.

		☆	5	☆			
	1	3			4	2	
2		4	○	6			1

图 1-5

2. 单次定数确定法

与优先考虑行、列相同的思考方法，就是先寻找横行、竖列中可以确定下来的数字，即已成为定数的格. 我们可以发现，两个☆空格中只能填入数字 3 或 4，则此方阵中能填入 5 的只有○空格处，如图 1-6 所示.

1	○	☆					
			3			4	5
☆		2		5			
	3						
	4						

图 1-6

3. 多次的定数确定法

首先,因为两个☆空格处只能填入数字 1,2,故○及其左右的三个空格中只能填入数字 7～9. 又因为两个★空格内需填数字 7,8,那么,○空格处就非 9 不能填了,如图 1-7 所示.

			1		2			
3	☆	4		○		5	☆	6
			2	★	1			
	7						8	
			5	★	6			

图 1-7

【小结】 要做出稍微有点绕的题目,某个数字在一个方阵内(或列、行均可)的可能性是 2 种的话,最好先用铅笔写一下,这样有助于解题,虽然一开始不习惯,不过后来你会发现这样做非常有效. 之后介绍的方法可能会有 3 种可能性,甚至 4 种或 5 种可能性,都可以写上,一般情况下,有 2 种可能性的写上已经足够了.

四、进阶技巧介绍——区块摒除法

与之前的方法有些类似重复之处,但前面主要是部分的考虑,下面带到一道完整的题目来考虑,毕竟数独是要考虑整体的,建议在理解上面内容的基础上,再看以下内容,以防迷茫.

在解之前先了解什么是区块.

对行而言,就是分属三个不同九宫格的部分. 在图 1-8 中,我们分别用不同的阴影来标示行的三个区块.

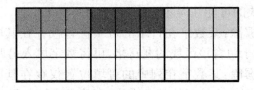

图 1-8

对列而言,也是分属三个不同九宫格的部分. 在图 1-9 中,我们分别用不同的阴影来标示列的三个区块.

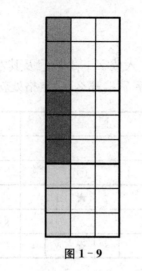

图 1 - 9

对九宫格而言,就是分属三个不同行或三个不同列的部分. 在图 1 - 10 中,我们分别用不同的阴影来标示九宫格的三个区块.

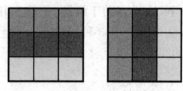

图 1 - 10

为了说明及学习的方便,将区块摒除法分为 4 个不同的形式,但在实际应用时,即使玩家不知此分类,也可以很容易地顺着区块的所在及方向而作出正确的摒除.

九宫格对行的区块摒除:某数字在九宫格中的可填位置仅存在其中一个行区块时,可将数字填入另两个行区块的可能性摒除.

九宫格对列的区块摒除:某数字在九宫格中的可填位置仅存在其中一个列区块时,可将数字填入另两个列区块的可能性摒除.

行对九宫格的区块摒除:某数字在行中的可填位置仅存在其中一个区块时,因为某数一定会在本区块,所以对于包含该区块的九宫格,可将数字填入另两个区块的可能性摒除.

列对九宫格的区块摒除:某数字在列中的可填位置仅存在其中一个区块时,因为某数一定会在本区块,所以对于包含该区块的九宫格,可将数字填入另两个区块的可能性摒除.

1. 行的区块

九宫格摒除解的系统寻找是由数字 1 开始一直到数字 9,周而复始,直到解完全题或无解时为止;每个数字又需从上左九宫格起,直到下右九宫格,周而复始,同样要不断重复到

数学与现代生活

解完全题或无解时为止.

　　使用区块摒除法,只要在九宫格摒除解的系统寻找时,注意是否有区块摒除的成立条件即可,当区块摒除的条件具备了,就等于多了一个摒除线,找到解的机会自然多了一点,将感觉顺手多了.例如在图 1-11 中,如果不使用或不会使用区块摒除法,是找不到 1 的九宫格摒除解的,但如果用上了区块摒除法,将可找到四个数字 1 的填入位置.

	5	7		4			6	
				2			5	
	1	8	5			9		
				1				9
				9		8		
3		5						6
								4
9		4	6				2	
				5		1		

图 1-11

　　【说明】　坐标按照(行,列)来表示具体位置,例如(4,5)代表第 4 行的第 5 个空格内的数字,下同.

　　(1) 先从数字 1 开始寻找九宫格摒除解,当找到中左九宫格时,由于(3,2)和(4,5)的摒除,将使得数字 1 可填入的位置只剩下(5,1)和(5,3),因为每一个九宫格都必须填入数字 1,既然中左九宫格的数字 1 一定会填在(5,1)和(5,3)这个区块,那表示数字 1 包含在这个区块的第 5 行.因为同一行中只能有一个数字 1,所以可将第 5 行另两个区块填入数字 1 的可能性摒除.

　　(2) 第 5 行的区块摒除,配合(4,5)和(9,7)的基础摒除,使得(6,8)出现了中右九宫格摒除解了.只找到一个还不过瘾,当搜寻到下左九宫格时,由于(3,2)和(9,7)的摒除,将使得数字 1 可填入的位置只剩下(7,1)和(7,3).同理,因为每一个九宫格都必须填入数字 1,既然下左九宫格的数字 1 一定会填在(7,1)和(7,3)这个区块,那表示包含这个区块的第 7 行,因为同一行中只能有一个数字 1,所以可将第 7 行另两个区块填入数字 1 的可能性摒除.

　　(3) 第 7 行的区块摒除,配合(4,5)和(9,7)的基础摒除,使得(8,6)出现了中下九宫格摒除解了.找到了(6,8)和(8,6)两个摒除解之后,因谜面的数字已有改变,所以循例应回头再找一遍,相信大家一定可以很容易地找到另两个九宫格摒除解:(1,4)和(2,9).

2. 列的区块

九宫格对列的区块摒除和九宫格对行的区块摒除同理，只不过九宫格对行的区块摒除是数字仅出现在九宫格的横向区块，所以受到影响的就是行；而九宫格对列的区块摒除是数字仅出现在九宫格的纵向区块，所以受到影响的就变成是列而已.

图 1-12 是一个九宫格对列的区块摒除的例子. 你可以看出下左九宫格的数字 9 应该填在什么位置吗？由于 (5,8) 的摒除，使得数字 9 在中左九宫格可填入的位置只剩下 (4,3) 和 (6,3)，因为每一个九宫格都必须有数字 9，既然中左九宫格的数字 9 一定会填在 (4,3) 和 (6,3) 这个区块，那表示包含这个区块的第 3 列，其另两个区块就不能填入数字 9 了.

6	8							
	9		1					
	4	5		6	8		9	
3	7			6			4	5
			2	4	5		9	
4	5						6	8
		4		7	9	5		
				6			2	
							3	9

图 1-12

第 3 列的区块摒除，配合 (2,2)，(7,6) 和 (9,9) 的基础摒除，使得 (8,1) 出现了下左九宫格摒除解 9 了.

看过以上的例子后，首先要提醒大家，前面已提过区块摒除需机缘凑巧，并非随手可得. 大部分的时候，虽然发现了区块摒除的条件，但却是"空炮弹"，一样找不到摒除解！例如，在前面行的区块解说中图 1-11 的上右九宫格中，由于 (3,2) 和 (9,7) 的摒除，使得上右九宫格的数字 1 只出现在 (1,9) 和 (2,9)，符合区块摒除的条件，但配合现有的数字 1 作摒除后，仍无法找到任何摒除解，所以当找到区块摒除的条件时，不必太高兴.

第四节　读心术

在 21 世纪初，还曾风靡过一种神秘的电脑上的游戏——读心术，有的人玩过以后只觉

得神奇,没有深入地去探究过,事实上,其背后蕴含着数学原理.其玩法如下:

任意选择一个两位数(或者说,从 10～99 之间任意选择一个数),把这个数的十位与个位相加,再把任意选择的数减去这个和,得到的数一定是 9 的倍数.例如,你选的数是 23,然后 2＋3＝5,23－5＝18;选 11,然后 1＋1＝2,11－2＝9.这就是所谓的"吉普赛人祖传的神奇读心术",据说它能测算出你的内心感应,吉普赛人就是用如图 1-13 所示的水晶球和图形表来玩"读心术"的.

图 1-13

在图 1-13 中找出与最后得出的数所对应的图形,并把这个图形牢记心中,然后看着水晶球想着图形点击水晶球! 你会发现,水晶球所显示出来的图形就是你刚刚心里记下的那个图形.

通过前文的介绍,很容易就发现背后的数学原理:任意选择一个两位数,把它表示为 $(10n＋m)$,其中 n,m 均为整数且 $0＜n\leqslant9,0\leqslant m\leqslant9$,这样 $10n＋m$ 就是 10～99 的任意一个整数了.那么按照读心术的运算方式,我们把"这个数的十位与个位相加",即: $n＋m$,那么"再把任意选择的数减去这个和",可以得出 $(10n＋m)-(n＋m)=10n＋m-n-m=9n$,那么此时得到的数字便是 9 的 n 倍,即这个数字一定是 $9,18,27,36,45,54,63,72,81$ 中的任意一个.

只要我们看看图 1-13 中的那个数字图形表,看一下,以上数字相应的图形,你会发现,它们相应的图形都是一样的.此时你再点击水晶球,发现什么了? 对了,此时水晶球里显示的图形正是以上数字所相应的图形.然后有人问:我每次的答案都是不一样的图形啊? 这是因为它所谓的数字图形表每次也是不一样的,只是它让你以为它是一样的而已.但是不管怎么变,9,18,27,36,45,54,63,72,81,这几个数字所对应的图形是一样的.水晶球最后显示的也是与这几个数字对应的图形一样.

不管你选的什么数字,就算你的数字算完了,最终结果还是以上几个数字.总而言之,所谓神奇的"读心术",只不过是数学一些运算及障眼法的巧妙运用,只能蒙住盲目相信它们的人,它是经不起推敲的.当然我们可以把它当作一种数字游戏,但切记,它是科学游戏,而非魔法游戏!

2013 年手机上曾疯传过这样一条微信:年龄和手机号码的秘密!

内容是这样的:看一下你手机号的最后一位,把这个数字乘上 2,然后加上 5,再乘以 50,把得到的数字加上 1763,用这个数字减去你出生的那一年,现在你看到一个三位数的数字:第一位数字就是手机号的最后一位,接下来就是你的实际年龄.

对数学、数字不敏感的人,只是按部就班地照指令操作一遍,然后觉得太奇怪了,手机号是随机选的,怎么会和年龄有必然的联系呢? 事实上,只要设手机最后一位为 a,出生年份为 19mn 年,则 $(2a+5)50+1763-19mn=100a+(2013-19mn)$,$a$ 肯定是三位数的最高位,小括号内就是人的年龄.而且,我们还能发现,若用 2014 年、2015 年……编题,只要把得到的数字加上 1764、1765……即可.

第五节　七巧板游戏

你玩过七巧板吗? 那简简单单的七块板,竟能拼出千变万化的图形.谁能想到呢,这种玩具是由一种古代家具演变来的.

据传,宋朝有个叫黄伯思的人,对几何图形很有研究,他热情好客,发明了一种用 6 张小桌子组成的"宴几"——请客吃饭的小桌子.

后来,有人把它改进为 7 张桌组成的宴几,可以根据吃饭人数的不同,把桌子拼成不同的形状,比如 3 人拼成三角形,4 人拼成四方形,6 人拼成六方形……这样用餐时人人方便,气氛更好.

再后来,有人把宴几缩小改变到只有七块板,用它拼图,演变成一种玩具.因为它十分巧妙好玩,所以人们叫它"七巧板".

到了明末清初,皇宫中的人经常用它来庆贺节日和娱乐,拼成各种吉祥图案和文字,故宫博物院至今还保存着当时的七巧板呢!

数学与现代生活

18世纪,七巧板传到国外,立刻引起极大的兴趣,有些外国人通宵达旦地玩它,并叫七巧板是一种拼图游戏,他们以各种不同的拼凑法来拼搭千变万化的图案.

七巧板是怎么得来的?

将一块正方形的板分割成七块,如图1-14所示,就成了七巧板.它由五个三角形(两大两小一中)、一个平行四边形和一个正方形组成.

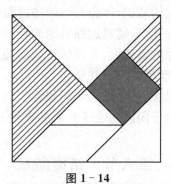

图 1-14

用七块板可以拼搭成几何图形,如三角形、平行四边形、不规则的多角形等;也可以拼成各种具体的人物形象,或者动物,如猫、狗、猪等,或者桥、房子、宝塔,或者文字符号,如图1-15所示.

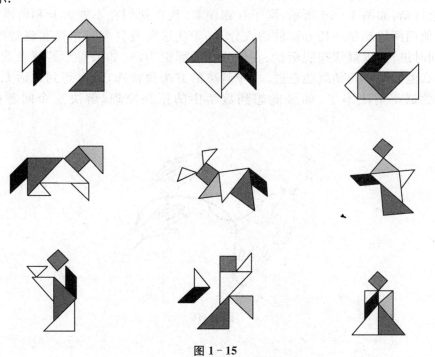

图 1-15

七巧板对思维力、想象力,图形分析、创意逻辑等方面有很大的促进作用,是开发智力、锻炼思维的一种好工具.它的制作及玩法都很简单,只需按图示剪出七块图形,然后拼出各类图案即可.七巧板还被中央电视台用作少儿节目的名称.20 世纪,电影工作者还拍过一部动画片,里面所有的背景、人物、图案都是用七巧板拼出来的,堪称一绝.现如今,七巧板游戏更是被用来训练团队团结协作的有效方式:

(1)培养团队成员主动沟通的意识,体验有效的沟通渠道和沟通方法.

(2)强调团队的信息与资源共享,通过加强资源的合理配置来提高整体价值.

(3)体会团队之间加强合作的重要性,合理处理竞争关系,实现良性循环.

(4)培养市场开拓意识,更新产品创新观念.

(5)培养学员科学系统的思维方式,增强全局观念.

(6)体会不同的领导风格对于团队完成任务的影响和重要作用.

第六节　结绳游戏

这游戏需要两个人一起来做:准备两根 1 米长左右的细绳,抓住两头给其中一位两只手腕处先打上结,然后把另一根绳子穿过去,呈十字交叉状,再抓住两头给另一位两只手腕上打结,如图 1－16 所示,绳子互相锁着,现在他们在不能解开和剪断绳子的情况下,请他们两位想尽一切办法使两人分开.为使这游戏具有竞争性和观赏性,可以叫上几组同时进行,以最快挣脱牵扯、自然分开的那组为胜.如果参加游戏者选择的方法得当,那么他们毫不费劲就能获胜.由于解决的方法很特殊,若没想到的话无论怎么穿插、怎么尝试都解决不了.如果能想到数学中的拓扑原理,解决这个问题就是当然的事.

图 1－16

【解决方法】 捏住一根绳的中间部分,从对方一个手腕处穿过,然后让对方的这只手绕过中间部分,一拉,两个人就自然分开了.

事实上,魔术师常会运用拓扑原理变魔术,这里给大家举一例:

这个游戏,几百年来迷惑了不少人,今天你要是玩这个游戏,可能还会有人与你打赌.游戏看起来很简单,而它的原理却运用了拓扑学.

找一条内外两面颜色相同的腰带,把腰带内面向里对折.拿住对折处把它盘起来,盘起来的腰带当中呈一个S形,内面形成一个S形,外面形成另一个S形.在腰带内面的S形当中插上一支铅笔,用一只手抓住腰带的两端一拉,盘起来的腰带松开了,而铅笔仍然套在当中,现在你可以用魔术师的口气对观众说:"谁能像我刚才那样,使腰带套住铅笔吗?"

尽管你已经给大家作了示范表演,别人无论把铅笔插在哪里,盘起来的腰带拉直后,是无法套住铅笔的,铅笔总是跑到外面去了.

【游戏窍门】 (1)假如别人把铅笔插到腰带外面的S中间,那你尽管抓好腰带的末端,腰带一松开,铅笔就出来了.

(2)假如别人把铅笔插到腰带内面的S中间,你就得把腰带的一端朝腰带原来卷紧的相反方向绕一圈,再抓住两头一拉,铅笔就自然地脱离圈套了.因为当腰带一端向相反方向转一圈时,原来朝里的一面,就变为朝外了,套住的铅笔自然就会脱出来了.

注意:碰到第二种情况时,就装着把腰带绕紧,否则人家会看出破绽.腰带用两面一样的颜色,就是这个原因(如果要区分正反面,可用两种不同颜色表示正反面).

第七节　九连环游戏

九连环是我国古代民间的一种游戏,曾风靡明清两朝,也是世界公认的最奥妙的玩具之一,在国外被称为"Chinese Ring".它的历史已无从考证,但16世纪时,大数学家卡尔达诺曾提到九连环,数学家华利斯对它也作过精辟的分析.

一、九连环的结构

如图1-17所示,九连环是由九个环通过九根杆相连的,有一个手柄穿过,游戏的目的就是要将手柄从环中取出或合而为一.

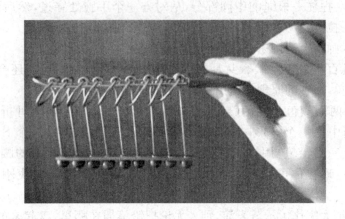

图 1‒17

二、基本技法

有两种最基本的方法可以不使用任何手段将环从手柄上解脱下来.

第一种方法如图 1‒18 所示,将第 1 环从手柄的前端绕出,它就可以从手柄的中缝中掉落下来,如图 1‒19 所示,从而解下第 1 环.

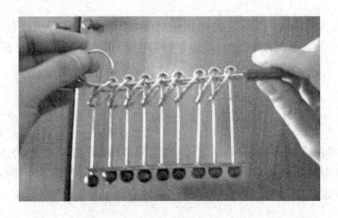

图 1‒18

数学与现代生活

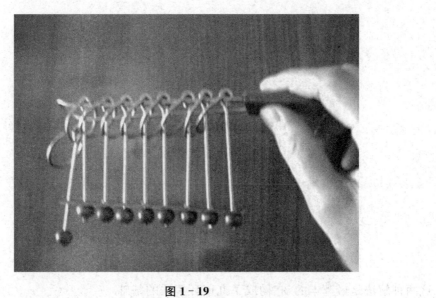

图 1 - 19

第二种方法如图 1 - 20 所示,我们可以将九连环的前两个环一起从手柄的前端绕出,从手柄的中缝里放下,从而解下第 1 环和第 2 环,如图 1 - 21 所示.

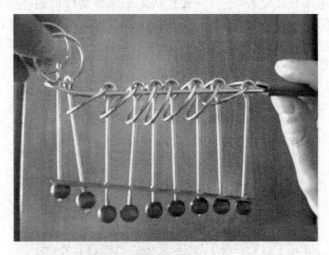

图 1 - 20

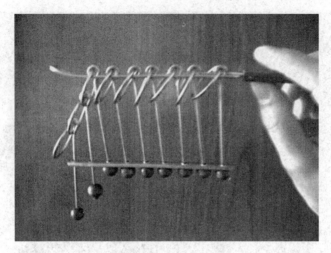

图 1 – 21

这两种解法是最基本的,它构成了九连环解法的基础.

三、飞跃

在前述的两种基本技法之外,还有一种技法是必须特别指出的,它叫飞跃. 如图 1 – 21 所示,在前两环解下之后,第 3 环是解不下来的,但是,第 4 环可以解下来. 如图 1 – 22 所示,第 4 环可以绕过手柄的前端,从中缝中落下. 这种避开需要马上解下的环而解它上一层次的环的方法,叫做飞跃.

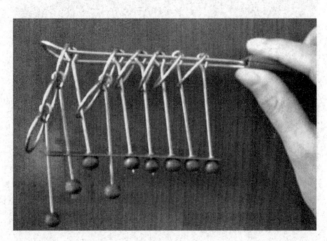

图 1 – 22

数学与现代生活

四、演绎

下面的任务就是解下前面三个环. 我们将由飞跃产生的环所确定的解环过程叫做演绎, 因为它是自上而下的, 如图 1-23 所示.

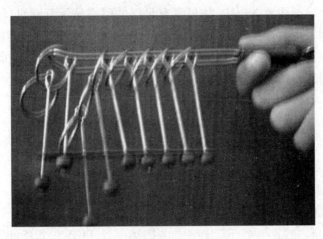

图 1-23

从图 1-23 中我们还不难看出, 当前 2 环解下后, 前 4 环就都解下了, 这时第 5 环显露出来, 可以解下(飞跃)第 6 环. 于是, 按照 2,4,6,8 这样的顺序, 解环过程可以完成偶数的飞跃、奇数的演绎, 直至环全部解开.

当然我们也可以从解第 1 环开始, 形成奇数的飞跃、偶数的演绎.

九连环的每个环互相制约, 只有第 1 环能够自由上下. 要想下/上第 n 个环, 就必须满足两个条件(第 1 个环除外): (1) 第 $n-1$ 个环在架上; (2) 第 $n-1$ 个环前面的环全部不在架上. 玩九连环就是要努力满足上面的两个条件. 解下九连环本质上要从后面的环开始下, 而先下前面的环, 是为了下后面的环. 前面的环还要装上, 不算是真正地取下来.

要想下第 9 环, 必须满足以下两个条件: (1) 第 8 环在架上; (2) 而第 1~7 环全部不在架上. 在初始状态, 前者是满足的, 现在要满足后者. 照这样推理, 就要下第 7 环, 一直推出要下第 1 环, 而不是下第 2 环. 先下第 2 环是偶数连环的解法. 上下第 2 环后就要上下第 1 环, 所以在实际操作中就同时上下第 1,2 环, 这是两步.

九连环在任何正常状态时, 都只有两条路可走: 上某环和下某环, 别的环动不了. 其中一条路是刚才走过来的, 不能重复走, 否则就弄回去了. 这样, 就会迫使连环者去走正确的道路, 而很多人由于不熟悉, 常走回头路, 解不了九连环. 首次解九连环要多思考, 三个环上下的动作要练熟, 记住上中有下, 下中有上, 熟练后会有更深刻的理解, 不需要推理了.

五、玩九连环的目的

玩九连环就是将 9 个连在一起的环从带手柄的长套中拆解下来或安装上. 由于九连环结构比较复杂, 环环相扣, 要装上拿下, 初玩者往往丈二和尚摸不着头, 解 1~5 环尚容易, 要解九环, 数学家研究出至少要 341 步, 如果没有足够的耐心是玩不成的. 那么, 玩九连环真有那么难吗? 不是的, 若把复杂的装卸过程编成口诀, 只要按照下列三句口诀耐心练上几个回合, 你就能很快成为解环高手, 据说现在最快的可在 1 分半钟内完成拆解. 如果你想练脑和手的协调性、灵活性, 赶快试玩九连环吧!

六、玩九连环的口诀

【口诀】 第一句: 1 下, 再动后一个.

第二句: 1 上, 12 下, 再动后一个.

第三句: 12 上, 1 下, 再动后一个.

第一句的意思是: 把第一个环卸下来, 再动后面那个环, 也就是第二个环.

第二句的意思是: 把第一个环套回去, 再把第一个和第二个环卸下来, 再动后面那个环.

第三句的意思是: 把第一个和第二个环套回去, 再把第一个环卸下来, 再动后面那个环.

"后面那个环"的意思是: 从第一个环开始已经卸下来的一串环的后面一个. 例如: 1234 环已经卸了下来, 跟在后面的 5 还套着, 那么就把 6 移动. 12 环已经卸了下来, 跟在后面的 3 还套着, 那么就把 4 移动. "移动"就是如果那个环套着, 那就卸下来, 如果那个环卸下来了, 就套上去.

在拆解的时候, 只需要重复步骤就可以了, 即: 第一步用口诀一, 第二步用口诀二, 第三步用口诀三; 接下来用口诀二, 然后口诀三……一直重复下去. 关键在于要记住是口诀二还是三, 别混淆了, 有耐心就可以拆解出来了.

七、玩九连环的具体解法

下面介绍把框架和九个圆环分开和合上的具体解法. 如左手持框架柄, 右手握环, 从右到左编号为 1~9, 将环套入框架为"上", 取出为"下".

1. 拆解

九连环拆解共 341 步.

下 9：

下 1(结果 98765432 在上)：下 1

下 3(结果 987654 在上)：下 3 上 1 下 12

下 5(结果 9876 在上)：下 5 上 12 下 1 上 3 上 1 下 12 下 4 上 12 下 1 下 3 上 1 下 12

下 7(结果 98 在上)：下 7 上 12 下 1 上 3 上 1 下 12 上 4 上 12 下 1 下 3 上 1 下 12 上 5 上 12 下 1 上 3 上 1 下 12 下 4 上 12 下 1 下 3 上 1 下 12 下 6 上 12 下 1 上 3 上 1 下 12 上 4 上 12 下 1 下 3 上 1 下 12 下 5 上 12 下 1 上 3 上 1 下 12 下 4 上 12 下 1 下 3 上 1 下 12

下 9(结果 8 在上)：下 9

下 8：

上 2(结果 82 在上)：上 12 下 1

上 3(结果 83 在上)：上 3 上 1 下 12

上 4(结果 84 在上)：上 4 上 12 下 1 下 3 上 1 下 12

上 5(结果 85 在上)：上 5 上 12 下 1 上 3 上 1 下 12 下 4 上 12 下 1 下 3 上 1 下 12

上 6(结果 86 在上)：上 6 上 12 下 1 上 3 上 1 下 12 上 4 上 12 下 1 下 3 上 1 下 12 下 5 上 12 下 1 上 3 上 1 下 12 下 4 上 12 下 1 下 3 上 1 下 12

上 7(结果 87 在上)：上 7 上 12 下 1 上 3 上 1 下 12 上 4 上 12 下 1 下 3 上 1 下 12 上 5 上 12 下 1 上 3 上 1 下 12 下 4 上 12 下 1 下 3 上 1 下 12 下 6 上 12 下 1 上 3 上 1 下 12 上 4 上 12 下 1 下 3 上 1 下 12 下 5 上 12 下 1 上 3 上 1 下 12 下 4 上 12 下 1 下 3 上 1 下 12

下 8(结果 7 在上)：下 8

下 7：

上 2(结果 72 在上)：上 12 下 1

上 3(结果 73 在上)：上 3 上 1 下 12

上 4(结果 74 在上)：上 4 上 12 下 1 下 3 上 1 下 12

上 5(结果 75 在上)：上 5 上 12 下 1 上 3 上 1 下 12 下 4 上 12 下 1 下 3 上 1 下 12

上 6(结果 76 在上)：上 6 上 12 下 1 上 3 上 1 下 12 上 4 上 12 下 1 下 3 上 1 下 12 下 5 上 12 下 1 上 3 上 1 下 12 下 4 上 12 下 1 下 3 上 1 下 12

下 7(结果 6 在上)：下 7

下 6：

上 2(结果 62 在上)：上 12 下 1

上 3(结果 63 在上)：上 3 上 1 下 12

上 4(结果 64 在上)：上 4 上 12 下 1 下 3 上 1 下 12

上 5(结果 65 在上)：上 5 上 12 下 1 上 3 上 1 下 12 下 4 上 12 下 1 下 3 上 1 下 12

下 6(结果 5 在上)：下 6

下 5：

上 2(结果 52 在上)：上 12 下 1

上 3(结果 53 在上)：上 3 上 1 下 12

上 4(结果 54 在上)：上 4 上 12 下 1 下 3 上 1 下 12

下 5(结果 4 在上)：下 5

下 4：

上 2(结果 42 在上)：上 12 下 1

上 3(结果 43 在上)：上 3 上 1 下 12

下 4(结果 3 在上)：下 4

下 3：

上 2(结果 32 在上)：上 12 下 1

下 3(结果 2 在上)：下 3

下 12：

下 12(结果拆解完成)：上 1 下 12

2. 安装

九连环安装也共 341 步.

上 98：

上 2(结果 2 在上)：上 12 下 1

上 3(结果 3 在上)：上 3 上 1 下 12

上 4(结果 4 在上)：上 4 上 12 下 1 下 3 上 1 下 12

上 5(结果 5 在上)：上 5 上 12 下 1 上 3 上 1 下 12 下 4 上 12 下 1 下 3 上 1 下 12

上 6(结果 6 在上)：上 6 上 12 下 1 上 3 上 1 下 12 上 4 上 12 下 1 下 3 上 1 下 12 下 5 上 12 下 1 上 3 上 1 下 12 下 4 上 12 下 1 下 3 上 1 下 12

上 7(结果 7 在上)：上 7 上 12 下 1 上 3 上 1 下 12 上 4 上 12 下 1 上 5 上 12 下 1 上 3 上 1 下 12 下 4 上 12 下 1 下 3 上 1 下 12 下 6 上 12 下 1 上 3 上 1 下 12 上 4 上 12 下 1 下 3 上 1 下 12 下 5 上 12 下 1 上 3 上 1 下 12 下 4 上 12 下 1 下 3 上 1 下 12

上 8(结果 8 在上)：上 8 上 12 下 1 上 3 上 1 下 12 上 4 上 12 下 1 下 3 上 1 下 12 上 5 上

12 下 1 上 3 上 1 下 12 下 4 上 12 下 1 下 3 上 1 下 12 上 6 上 12 下 1 上 3 上 1 下 12 上 4 上
12 下 1 下 3 上 1 下 12 下 5 上 12 下 1 上 3 上 1 下 12 下 4 上 12 下 1 下 3 上 1 下 12 下 7 上
12 下 1 上 3 上 1 下 12 上 4 上 12 下 1 下 3 上 1 下 12 上 5 上 12 下 1 上 3 上 1 下 12 上 4 上
12 下 1 下 3 上 1 下 12 上 6 上 12 下 1 上 3 上 1 下 12 上 4 上 12 下 1 下 3 上 1 下 12 下 5 上
12 下 1 上 3 上 1 下 12 下 4 上 12 下 1 下 3 上 1 下 12

上 9(结果 98 在上):上 9

上 76:

上 2(结果 982 在上):上 12 下 1

上 3(结果 983 在上):上 3 上 1 下 12

上 4(结果 984 在上):上 上 4 上 12 下 1 下 3 上 1 下 12

上 5(结果 985 在上):上 5 上 12 下 1 上 3 上 1 下 12 下 4 上 12 下 1 下 3 上 1 下 12

上 6(结果 986 在上):上 6 上 12 下 1 上 3 上 1 下 12 上 4 上 12 下 1 下 3 上 1 下 12 下 5
上 12 下 1 上 3 上 1 下 12 下 4 上 12 下 1 下 3 上 1 下 12

上 7(结果 9876 在上):上 7

上 54:

上 2(结果 98762 在上):上 12 下 1

上 3(结果 98763 在上):上 3 上 1 下 12

上 4(结果 98764 在上):上 4 上 12 下 1 下 3 上 1 下 12

上 5(结果 987654 在上):上 5

上 32:

上 2(结果 9876542 在上):上 12 下 1

上 3(结果 9876532 在上):上 3

上 1:

上 1(结果安装完成):上 1

3. 拆解和安装方法的数学证明

为什么按这样的装卸法解九连环至少需要 341 步呢？能否用数学方法给予证明呢？下面以七连环为例给予严格证明：

假定用一个小圆圈表示一个环. 如果环在棒上,就把小圆画在棒的上边;如果环已脱下,就把小圆画在棒的下边. 用图 1－24 表示的就是七连环的情况,其中前两个环不在棒上,以后的三个环在棒上,第六个环不在棒上,第七个环在棒上.

用数码1或0交替地表示从棒的左端起穿在棒上的那些环,并用与左方邻环的数码相同的数码表示不在棒上的环,如果最左端的环不在棒上,就用0表示它.

于是,图1-24~1-26所示的三种布局分别由它们下边的数码表示.将图1-24中的第一个环套到棒上即得图1-25,将图1-24中的第四个环从棒上脱下即得图1-26.

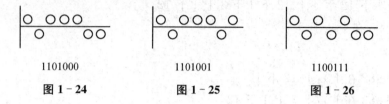

$$1101000 \qquad\qquad 1101001 \qquad\qquad 1100111$$

图1-24   图1-25   图1-26

这样,环的每一种布局都由一个二进位数表示.此外,从左到右看时,与棒上的环对应的数码总是一个个交替地在变化(1后边是0,0后边是1),而与不在棒上的环对应的数码总是和它左边紧邻的数码相同,从棒上脱下一个环时相应的数字加1,套上一个环时相应的数字减1.例如,在表示图1-24的布局的数字上加1就得到表示图1-25的布局的数字,减1就得到图1-26的布局的数字.

当所有的环都不在棒上时,相应的数字是0000000,当所有的环都在棒上时,相应的数字是1010101.所以由一个局势变成另一个局势时,需要的步数等于前后两个二进位数的差.这两个数中前一个是0,后一个是$2^6+2^4+2^2+1$,即85,所以共需85步.相仿地,可以证明,要把$2n+1$个环都套到棒上需要$1+2^2+\cdots+2^{2n}$步,即$\frac{1}{3}(2^{2n+2}-1)$步,而要把$2n$个环都套到棒上需要$2+2^3+\cdots+2^{2n-1}$步,即$\frac{1}{3}(2^{2n+2}-2)$步.

第八节   揭穿骗术

1. 摸球

前些年,街头经常可以看到这样一种场景,摊主面前摆放着一个小箱子,他告诉观众里面有三种颜色的乒乓球,每种颜色的球各8个,总共24个.观众有兴趣的话可以上前伸手摸出一半,也就是12个乒乓球,如果三种颜色的乒乓球个数均为4个,摊主奖励5元现金.如果摸出一种颜色8个且另一种颜色4个,剩下颜色的乒乓球一个都没摸到,那么恭喜你中大奖了,摊主现场奖励100元.当你摸到三种颜色的乒乓球个数比例为5:4:3

的话,那么您只需象征性地付给摊主2元钱再摸一次.除此三种情况,出现其他乒乓球个数比的都可以免费继续参与.一时参与者云集,争先恐后一试身手.乍一看,中奖可能性大,中奖金额高,是参与成本低回报高的一件好事,即使不中奖,花两元钱参与一下,何尝不是一件乐事.但结果往往不尽如人意,参与者中除了偶尔中得5元奖金外,大多数时候都在付钱给摊主.摊主赚得盆满钵满,依旧不减人气,参与者前赴后继,大奖实在诱人.类似的摸球游戏还有许多玩法,但结果往往相同,摊主总是赢家!是摊主的道具事先做过手脚,还是摊主有神奇的力量在控制着小球,又或者玩家的运气太背?事后大多数玩家纷纷猜测,希望能找到奥秘所在.

其实,不是摊主拥有多么神奇的力量,只是摊主是一位懂得利用数学原理忽悠人的技巧的"聪明人".这个摸球游戏中所蕴含的数学原理便是概率.看似中奖的可能性很大,我们只要计算出中大奖的概率,就会发现不是这样的.

摸出一种颜色的球8个,另一种颜色的球4个的概率(用 P 表示)这样计算:

$$P = \frac{C_8^8 C_8^4 C_8^0 A_3^3}{C_{24}^{12}} = 0.016\%.$$

可以看到,这种情况出现的概率是非常小的,大概10000人中只有1到2人次能摸到这种组合.

出现三种颜色的乒乓球个数比为4:4:4的概率为

$$P = \frac{C_8^4 C_8^4 C_8^4}{C_{24}^{12}} = 12.7\%.$$

这种情况出现的概率相对来说是比较高的,所以会偶尔出现有观众中奖5元,这也是摊主抛出的一个诱饵,让观众尝到中奖的甜头,使得他们愿意不断地尝试.

出现三种颜色的乒乓球个数比为5:4:3的概率为

$$P = \frac{C_8^5 C_8^4 C_8^3 A_3^3}{C_{24}^{12}} = 48.7\%.$$

计算的结果是惊人的,5:4:3的组合出现的几率接近50%.我们可以这样理解,平均摸两次就需要给一次钱.如果参与者事先知道这样一个事实,参与的积极性一定会大打折扣,那么低成本高收益的主观思维也就不会有了.

2. 算命

有这么一些"算命大师",在他们为你算命之前,会先和你来一个小游戏:在他们面前摆了几张纸,每张纸上写着一些姓,然后,你不用说话,只需指出哪几张纸上有你的姓,他就会很快地说出你的姓来,而且准确率特高,"九不离十"地说对了.在你对"大师"佩服得五体投地时,"大师"再要你掏钱请他给你算命,卜问前途、财运、婚姻等等.

我们都知道算命是假的,但他们猜姓为什么如此神呢? 其实,只要你懂得二进制数,就可以自己来表演这一神奇的魔术了.即使你不懂二进制数,只要跟着我认真地读下去,你就会知道这个魔术是怎么一回事的.

这个魔术的秘密就是把每一个姓与一个数对应起来,再把这个数转化为二进制数表示.而纸片数就代表着二进制数的位数,即每张纸片代表一个数位,有几个数位便要准备几张纸片.纸片上有此姓便用1表示,无此姓便为0.下面先举一个简单的例子:假定来试魔术的共有10人,且有10个不同的姓:张、王、李、赵、刘、于、许、金、钱、孙.我们依次把它们编为1、2、3、4、5、6、7、8、9、10,再把这10个数用二进制表示(关于二进制与十进制的转化请参看一些电脑入门书籍),转化为二进制后,这10个数相应地变为了1、10、11、100、101、110、111、1000、1001、1010,于是得到下面这张表:

张	王	李	赵	刘	于	许	金	钱	孙
1	10	11	100	101	110	111	1000	1001	1010

因为孙对应的是1010,为四位数,按一张纸对应一个数位,所以我们至少得准备4张纸.第一张纸代表第一位数,第二张纸代表第二位数,第三张纸代表第三位数,第四张纸代表第四位数(第一位数、第二位数、第三位数、第四位数都是从右至左的顺序,相当于十进制中的个位、十位、百位、千位).因为前面已经说过,"纸片上有此姓便用1表示,无此姓便为0",因此,每张纸都表示该位数为1,即该纸片上所写的姓的编码转化为二进制后该位数必定为1.我们把这四张纸干脆分别叫做第一位、第二位、第三位和第四位.因此,在这四张纸上应分别写上这些姓:

张 李 刘 许 钱	王 李 于 许 孙	赵 刘 于 许	金 钱 孙
第一位	第二位	第三位	第四位

有了这几张卡片,我们便可以玩魔术了,便可以"不用你开口,便知你姓什么"了.假如你表示你的姓在第2、4张卡上,那就是说你的姓对应的编码转化为二进制后第二位和第四位为1,即是1010了,这时你只要在你备好的"姓数表"上查一下便知道这是哪个姓了.当然,这个"姓数表"应事先做好,且放于隐蔽处备查,别让别人看到以示神秘,如果你能背诵默记在心那是最好不过的了.在马路上摆摊诱人,则不能只备10个姓,或许在你的"姓数表"上该备100个姓,由于$2^6=64,2^7=128$,100个姓最大数为100,在2^6和2^7之间,应是一个7位数(二进制的第一个七位数1000000对应的十进制数为64,二进制的第一个八位数10000000对应的十进制数为128),所以只需备制7张卡片就可以了,但每张卡片上不是至多5个姓,而是最多50个姓了.

 **实践与思考**

1. 请问下列四张牌：AAAA,2222,3333,4444,5555,6666,7777,8888,9999,能算出 24 点吗？若能,请列出算式.

2. 请以最快的速度做下列三道数独题,最好邀上你的好伙伴 PK 一下.

7				6			4	
			1		9			
	2	5				7	6	
5		1	6			7	3	4
			5		2			
2		9	8		4	6		5
	9	7				2	8	
			9		1			
1				8				9

	C							B
B	D	G		F	C			
			B		G			
D		G	E					
H			D		A			F
					I	B		D
	H		F					
	F	I		C	D	H		
C								A

1			2	3				9
		6				2		
		3	7		8	4		
6								3
	3	9				1	7	
4								5
		4	8		2	7		
		1				9		
2				4		9		8

3. 请你用七巧板搭出一只坐着的猫和一个跳着民族舞的女子.

4. 请你玩一个魔术并思考为什么会有这精美的结果,这魔术需要一只计算器. 准备 5 张卡片,每张上面写着你所谓"讨厌"的数字,请一位志愿者把卡片弄乱,现在请她想一个 1~9 之间的任何数字.请她取出一张卡片,把她的秘密数字与卡片上数字相乘,现在让她取出另一张卡片,把原来所得结果与这张卡片上的数字相乘,对所有卡片重复这种过程,在她按下"="按钮前,告诉她:她的秘密数字即将出现在她眼前许多次.

5. 有容量为 8 千克、5 千克、3 千克的三个桶. 8 千克的桶里装着牛奶,其余两个桶是空桶.只用这三个桶怎样把牛奶平均分成两份?据说法国著名数学家普哇松年轻时就因为做了上面这道题才对数学发生了浓厚的兴趣,你呢?

6. 玩九连环,先熟练解 3 环、5 环,在此基础上再解 7 环、9 环,并记录每次所花的时间,你会理解口诀为何如此制定,并欣喜地看到自己如何渐渐成为九连环高手的.

7. 小实验:沿麦比乌斯带中间一根线剪开,看是什么情形?再沿这个长的纸圈中间剪开,得到的纸圈又是怎样的?

8. 纸片上有一个两分硬币大小的圆孔,问:五分硬币能通过这个圆孔吗?(当然,纸片是不允许撕破的)

9. 17 世纪法国著名的戏剧大师莫里哀曾经有这样一段描述:"一次去法国南部巡回演出时,我看见一个人用两米多长的绳子结成环,套在手腕上,这只手紧紧地抓住内衣的下襟.他严格遵守以下两条规定:一是绳子既不能解开,也不允许剪断;二是内衣既不能脱掉,也不许剪破!但不消几分钟,他就把套在手上的环绳抽了出来."这又是一拓扑魔术,试一试,怎么抽出来的?

10. 有一人带着一只猫、一只松鼠和一袋松果过河.猫要吃松鼠,松鼠要吃松果.河中有一只小船,一次只能渡一人加一只猫或一只松鼠或一袋松果.为了把几样东西都安全地送到对岸,这个人最少要运几次才能过河?

11. 有 20 间房子,有的开着灯,有的关着灯. 在这些房子里的人都希望与大多数房子保持一致. 现在,从第一间房子里的人开始,如果其余 19 间房子的灯开着的多,就把灯打开,否则就把灯关上. 假设最开始时开灯与关灯的房子各 10 间,并且第一间房子的灯开着. 那么,这 20 间房子里的人轮完一遍后,开着灯的房子有几间?

12. 魔术师来到了表演现场对众人说:"下面我给大家做一个游戏,这个游戏是日本著名数学教育家藤村辛三郎先生发明的."众人好奇地问:"什么游戏,好玩吗?"魔术师说:"当然好玩,是猜数游戏,三位以内的任何自然数随便想出一个,你只要与数字侦探 667 相乘,积的尾数告诉我,我马上就知道你原先想的那个数是多少.""我随便地想一个数,不告诉你也能算出来吗?"有人怀疑地问."当然可以,只要是三位之内的数字就行."魔术师说. 有三个人马上说:"想好啦! 怎么算?"魔术师:"请用这个计算器与你想好的那个数与我的数字侦探 667 相乘,可以吗?"有人怀疑地说:"俺们想的数各不相同,千差万别,数字侦探能有这么大的神通吗?"魔术师自豪地说:"那当然了,只不过你想的若是一位数,就告诉我积的最后一位数;想的若是两位数,就告诉我积的最后两位数;如果想的是三位数,一定要告诉我积的最后三位数."魔术师说完,就有人报出了他算出积的尾数:"我的尾数是 42!""你想的那个两位数一定是 26,不错吧."魔术师马上回答."我的尾数是 229.""你想的那个三位数一定是 687!""我的尾数是 844.""你想的那个三位数一定是 532!"……一问一答,快速准确,没有出现任何错误. 众人不解,这其中藏着什么秘密,你好好想想.

第二章　数学与文化生活

> 数学代表着收敛的创造性,文学代表着发散的创造性,数学与文学乃是"互补的事业".
>
> ——Martin Dyck

文化是一个相当宽泛的概念.数学作为一种文化已经渗透到各个领域之中,影响着我们的文化生活.意大利罗马大学数学教授密查利·爱玛在《数学与文化》研究项目的报告中说过这么一段话:"数学的结构与思想能够很有效地应用到我们称之为'现实的'世界.我们只需回想一下物理、天文、测量学、电信、生命密码和医药,它们都离不开数学,但这还不是全部,数学过去也总是与音乐、文学、建筑、艺术、哲学相联系,现在又与戏剧、电影有关."

第一节　数学与文学

数学与文学表面看上去是"南辕北辙"、"风马牛不相及"的两门学科,但是细细品味,却发现除有共性追求外,还有研究方法上的相似之处.

一、"对称"与"对仗"

对称是数学中的概念,指一种变换,变过去了但有些性质保持不变,数学爱好者喜爱探求图形的对称性,因为对称的图形有美感.如函数 $y = \sin|x|$ 的图像那么漂亮,人称"鸳鸯戏水",因为它关于 y 轴对称.那么对仗是什么?它是文学的一种修辞形式,常出现在对联、诗词中,上联对下联,但字词句的某些特性不变,诗人喜欢对仗,因为这样读起来有韵律感.如王维诗云:"明月松间照,清泉石上流."这里,"明月"对"清泉",都是自然景物,没有变;形容词"明"对"清";名词"月"对"泉",词性不变.

变化中的不变性质,在文学和数学中,都广泛存在着.

二、"平仄"与"矩阵"

诗歌是所有文学样式中最具代表性的一种. 诗的形式是简练的,表达的思想情感是概括的,并且相对抽象,这与数学追求以最简练的形式抽象概括最深刻、最具一般性的规律是极为相似的. 我国的格律诗词有非常复杂的格式样式,但不是没有法则可依、任意而为. 其实格律本身就是指的规律——客观存在不依赖于人的主观意志的规定性,而这些规定又充分显示出必然与合理性.

近体诗中,律诗与绝句的平仄变化很复杂,有以下四个基本类型:

仄起仄收:仄仄平平仄
平起平收:平平仄仄平
平起仄收:平平平仄仄
仄起平收:仄仄仄平平

将这四种类型的句子按一定的规律再排列,就能得到五言绝句的四种标准样式,但其中许多规则用文字语言叙述起来总是显得很复杂. 比如说,五言诗的每一句都基本符合上述四种类型. 但不是绝对的,有四种基本"变格",变格的一个原则是"一三不论,二四分明". 意思是每一句的第一、三字可以不论平仄,但第二、四字必须符合规则,最后一个字主要要求押韵合辙,加之押韵也讲求第一、三句不要求,第二、四句必须押韵,且压平声韵. 再一个是"粘对"原则. 这里面的意思比较复杂,"粘"有一句当中相邻两字同声调的意思,句与句之间的关系是,每上下两句组成的一联,须符合平仄相"对",即平对仄,仄对平,联与联之间则须相"粘".

这些规则一般人只能知道大概,很难记忆和运用.

下面仍以五言诗为例,用数学的方法(优选法或称排除法)分析用这些法则得到的结果和法则建立的缘由如下:

(1)因为所有汉字的声调分为"平、仄"两类,不妨记为 p 和 z,那么每一个五字句的不同声调排列数,就是两类元素在 5 个位置上的排列数,即 $2^5=32$ 种.

(2)按"平仄均粘"原则,即平声与仄声字数在句子(整首诗)中应尽可能均等,将 5p,4p1z,1p4z,5z 的组合形式去掉,剩下 3p2z 和 2p3z 两种组合形式,共有 $2A_5^2=20$ 种排列. 如用"1"表示"平",用"0"表示"仄",则 3p2z 组合有(11100),(11001),(10011)等十种排列. 同样,2p3z 组合也有相应十种排列.

(3)第二原则是平仄要双叠,凡出现孤平孤仄者(首尾除外)不要,凡出现三平二仄者(句首除外)也不要,这样,3p2z 组合中,孤平孤仄者有(10101),(01101),(01011),(11010),(10110)5 种被排除,三平二仄者有(01110),(00111)2 种被排除,剩下 3 种,其中(10011)为了扩展成七言句时,所有法则不出现矛盾,必须让位于(00011),(00011)为 2p3z 组合中的一种排列. 因此 3p2z 组合的筛选结果有 10-5-2-1=2(种);同理,2p3z 组合也筛选出相应

2 种.

因此,优选出来的标准句式有 4 种,简记为 (00110),(11001),(11100),(00011).

将以上四种基本句型分别作为矩阵的一行,可组成一个 4×5 的矩阵①.

将矩阵①中的 1,2 行与 3,4 行对调,就得到矩阵②,这两个属于首句仄声不押韵类;还有一类首句平声押韵,那么矩阵①②的后三行保持不变,分别用它们的第四行"置换"第一行,分别得到矩阵③④,恰好符合"一三不论,二四分明"的一般原则和句与句、联与联的"粘对"原则. 于是,五言绝句的 4 种基本平仄格式可用 4 个 4×5 的矩阵表示如下.

$$
① \begin{pmatrix} 0 & 0 & 1 & 1 & 0 \\ 1 & 1 & 0 & 0 & 1 \\ 1 & 1 & 1 & 0 & 0 \\ 0 & 0 & 0 & 1 & 1 \end{pmatrix}
\qquad
② \begin{pmatrix} 1 & 1 & 1 & 0 & 0 \\ 0 & 0 & 0 & 1 & 1 \\ 0 & 0 & 1 & 1 & 0 \\ 1 & 1 & 0 & 0 & 1 \end{pmatrix}
$$

$$
③ \begin{pmatrix} 0 & 0 & 0 & 1 & 1 \\ 1 & 1 & 0 & 0 & 1 \\ 1 & 1 & 1 & 0 & 0 \\ 0 & 0 & 0 & 1 & 1 \end{pmatrix}
\qquad
④ \begin{pmatrix} 1 & 1 & 0 & 0 & 0 \\ 0 & 0 & 0 & 1 & 1 \\ 0 & 0 & 1 & 1 & 0 \\ 1 & 1 & 0 & 0 & 1 \end{pmatrix}
$$

两首平起的五言绝句加起来便成一首平起五律,因此五律有 8 种格式. 在五律的每句前加两字,变成七律,于是可知共有 16 种格式. 五律的平仄矩阵维数为 8×5,七律的平仄矩阵维数为 8×7,长律的平仄规律可以按此规律推出,这里就不一一列出.

原本认为错综复杂、难以记忆的诗词平仄规律,用矩阵表示,只要记住四种基本句式,所有绝句律诗的平仄矩阵就可以通过变换得到,可以说十分简洁而优美.

以下举王之涣的《登鹳雀楼》、王维的《送别》、王安石的《梅花》、皇甫冉的《婕好怨》,分别对应四种基本格式:

白日依山尽,
黄河入海流.
欲穷千里目,
更上一层楼.
$$
\begin{pmatrix} 0 & 0 & 1 & 1 & 0 \\ 1 & 1 & 0 & 0 & 1 \\ 1 & 1 & 1 & 0 & 0 \\ 0 & 0 & 0 & 1 & 1 \end{pmatrix}
$$

山中相送罢,
日暮掩柴扉.
春草明年绿,
王孙归不归.
$$
\begin{pmatrix} 1 & 1 & 1 & 0 & 0 \\ 0 & 0 & 0 & 1 & 1 \\ 0 & 0 & 1 & 1 & 0 \\ 1 & 1 & 0 & 0 & 1 \end{pmatrix}
$$

<table>
<tr><td>墙角数枝梅，</td><td rowspan="4">$\begin{pmatrix} 0 & 0 & 0 & 1 & 1 \\ 1 & 1 & 0 & 0 & 1 \\ 1 & 1 & 1 & 0 & 0 \\ 0 & 0 & 0 & 1 & 1 \end{pmatrix}$</td></tr>
<tr><td>凌寒独自开.</td></tr>
<tr><td>遥知不是雪，</td></tr>
<tr><td>为有暗香来.</td></tr>
</table>

$$\begin{matrix} \text{花枝出建章，} \\ \text{凤管发昭阳.} \\ \text{借问承恩者，} \\ \text{双蛾几许长.} \end{matrix} \qquad \begin{pmatrix} 1 & 1 & 0 & 0 & 1 \\ 0 & 0 & 0 & 1 & 1 \\ 0 & 0 & 1 & 1 & 0 \\ 1 & 1 & 0 & 0 & 1 \end{pmatrix}$$

三、"镜反数"和"回文诗"

数学中有"镜反数"，把一个数倒读后所得的数，称为原数的镜反数，它有一些很有趣的性质.如：

12	21	平方后仍是镜反数:144	441
13	31	平方后仍是镜反数:169	961
$12 \times 13 = 156$		镜反后再相乘结果仍镜反	$651 = 31 \times 21$

文学中有回文诗:顺读倒读都行,但意义有所区别. 例如,"夫忆妻兮父忆儿",倒过来会变成"儿忆父兮妻忆夫".清朝女诗人吴绛雪有一首辘轳回文诗:"香莲碧水动风凉,水动风凉夏日长.长日夏凉风动水,凉风动水碧莲香".有意思吧！

类似的,数学中有"杨辉三角",文学中有"宝塔诗":

杨辉三角   刘禹锡《莺·赋春中一物》

莺.

解语,多情.

春将半,天欲明.

始逢南陌,复集东城.

林疏时见影,花密但闻声.

营中缘催短笛,楼上来定哀争.

千门万户垂杨里,百啭如簧烟景晴.

$$\begin{matrix} & & & & 1 \\ & & & 1 & & 1 \\ & & 1 & & 2 & & 1 \\ & 1 & & 3 & & 3 & & 1 \\ 1 & & 4 & & 6 & & 4 & & 1 \end{matrix}$$

………………………………

四、观念与意境

唐朝诗人李白的七言绝句《送孟浩然之广陵》中一句"孤帆远影碧空尽",指的是在送行人的视线中,船越走越远,其形状也越来越小,直至消失为零. 这恰是数学中无穷远处极限观念在文学中的意境.

更令人感叹的是唐朝初期诗人陈子昂:"前不见古人,后不见来者,念天地之悠悠,独怆然而涕下."这是时间和三维欧几里得空间的文学描述.在陈子昂看来,时间是两头无限的,以他自己为原点,恰可比喻为一条直线.天是平面,地是平面,人类生活在这悠远而空旷的时空里,不禁感慨万千.

　　诗句"大漠孤烟直,长河落日圆"可以与下面美丽的几何图形一一对应(如图2-1):

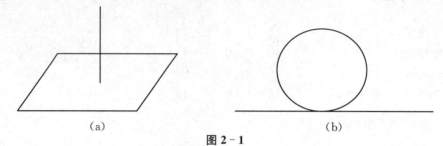

图 2-1

数学正是把这种人生感受精确化、形式化,诗人的想象可以补充我们的数学理解.

我们还可以找出几个函数图像与生活实景和诗句描写相吻合的例子:

(1) 双曲函数:$y = \dfrac{1}{|x|}$(如图2-2和图2-3).

天门中断楚江开,碧水东流至此回.

两岸青山相对出,孤帆一片日边来.

(李白《望天门山》)

图 2-2

数学与现代生活

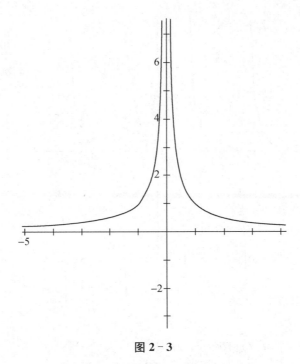

图 2 - 3

（2）正切函数：$y = \tan x$（如图 2 - 4 和图 2 - 5）.

飞流直下三千尺,疑是银河落九天.

（唐朝诗人李白）

图 2 - 4

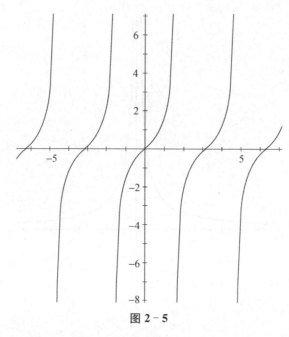

图 2-5

（3）取整函数：$y = [x]$（如图 2-6 和图 2-7）.

欲穷千里目，更上一层楼.

（唐朝诗人王之涣）

两个黄鹂鸣翠柳，一行白鹭上青天.

（唐朝诗人杜甫）

图 2-6

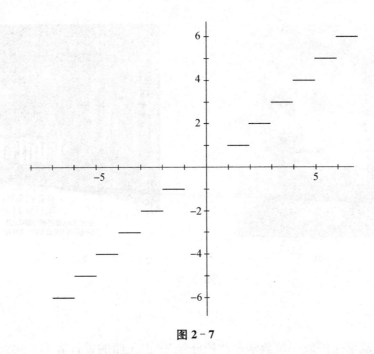

图 2-7

数学正是把这种人生感受精确化、形式化,诗人的想象可以补充我们的数学理解.

五、文学作品中的数学

借用数学概念与几何形状来创作的代表性小说有两部:一部是扎米亚金的《我们》(如图 2-8),另一部是阿波特的《平面国传奇》(如图 2-9).

(a)

(b)

图 2-8

(a)   (b)

图 2 - 9

1.《我们》

《我们》中的故事是围绕一位数学家、"积分号"宇宙飞船的设计者 D - 503 展开的(小说是以 D - 503 的日记形式写成的). 当 D - 503 与一位反政府女革命者 I - 330 相遇后,他的理性受到了挑战. 早在遇见 I - 330 以前,D - 503 就已经发觉虚数"奇怪、陌生、可怕",他痛恨这种数,希望这种数不存在. 遇见 I - 330 之后,虚数成了 D - 503 情感与智力紊乱以及他无视国家法规的象征.

作者将虚数当作挑战理性的实体. 实际上,他借此宣扬人类信仰、情感等必然具有的非理性的一面. 在《我们》中,"积分号"D - 503 试图解释一极国中是如何量化一个人的幸福(happiness)的. 他建立了一个二元函数

$$h = b/e(b \text{ 表示 bliss}, e \text{ 表示 envy}).$$

2.《平面国传奇》

英国中学数学教师、校长阿波特创作的小说《平面国传奇》讲述了一个平面国知识分子——一个正方形向国人宣扬三维理论,最后身陷囹圄的故事. 作者利用数学主题讽刺了维多利亚时代的社会等级制度和性别歧视.

小说讲述的是:有一个国家,一切都是平面的,国土是平面的,山川河流是平面的,连人也是平面的. 平面国的人等级森严,而且人的身份一目了然."点"是最下层的人,也就是我们说的弱势群体,平面国大多数人就是点;"线"是中等偏下的一群,好比工薪阶层以及小商小贩之类;"三角形"是诡诈的;"梯形"、"正方形"、"长方形"代表较富裕的;最高贵的是

数学与现代生活

"圆".主人公知识分子——"正方形"向国人解释神秘"点"是一只"球",最后身陷囹圄.

在文学作品中涉及数学原理、数学问题的那就更多了.

3.《战争与和平》

列夫·托尔斯泰(Tolstoy,1828~1910)著的《战争与和平》中就有这么一段具有数学意味的精辟表述:只有抽取无穷小的观察单位(历史的微分,也就是人们的个人倾向),并且找到求它们的积分的方法(就是得出这些无穷小量的总和),我们才有希望认识历史的法则.著作中还有一处引用数学中的芝诺悖论:用阿基里斯追乌龟悖论,说明运动是连续的,不能把它离散地割开来.

4.《达·芬奇密码》

曾风靡一时的丹·布朗创作的《达·芬奇密码》是惊险小说和智力解谜结合的典范之作.讲述的是卢浮宫馆长在卢浮宫馆内被谋杀,死前他将自己摆成了达·芬奇名作《维特鲁威人》中的姿势,并在尸体旁留下了难以捉摸的密码符号.哈佛大学宗教符号学教授罗伯特·兰登和馆长孙女索菲·奈芙在一起追寻凶手的过程中,竟然发现一连串的线索,其中有斐波那契数列和黄金分割……

六、数学地考证作品

运用数学统计推断的方法对文学作品进行考证,运用对应、变换思想巧解难题.

1.《红楼梦》

众所周知,红楼梦共有120回,前80回是由曹雪芹写的,而后40回是否由高鹗补,争议颇多.后来,学者赵冈用"儿,在,事,的,著"这五个字作比较样本进行统计,计算它们的平均频率、标准差和变异系数,发现80回和后40回差不多,比较稳定,认为同一个人所写.而复旦大学李贤平教授认为,赵冈先生所选五个字太少不足以区分,他挑选了47个虚词(13个文言虚词:之,其,也,方,干等;9个句尾虚词,呀,吗等;13个白话虚词:了,的,着,不,把,让等;12个表转折的词:可,便,就,但,再,更等),他用词汇统计学的方式进行考证,发现了新情况,提出了又一次震惊红学界的《红楼梦》成书过程新观点,证明了《红楼梦》各回写作风格具有不同的类别,各部分实际上是由不同作者在不同时期里完成的.李贤平认为:《红楼梦》前80回是曹雪芹据《石头记》增删而成,其中插入他早年著的《金瓶梅》式小说《风月宝鉴》,并增写了具有深刻内涵的许多内容.《红楼梦》后40回是曹家亲友在曹雪芹全书尚未完成就突然去世之后,搜集整理原稿并加工补写而成.程伟元将全稿以活字版印刷刊行.高鹗校勘异文补遗订讹.他的这一看法否定了被红学界一直以来的定论——"曹雪芹作前80回,高鹗续后40回",使这个传统观点受到严重挑战.红学家对于李贤平的研究,有人认为是一个新突破、新开拓,有的则认为还应做进一步的探讨.这个情况表明,利用统计学、计算机等现代科学技术来研究《红楼梦》这个伟大的作品,确实别有一番新天地,拓展了视野,也产生了值得重视的成果.

2.《静静的顿河》

史诗性长篇小说《静静的顿河》作者肖霍洛夫到底是否抄袭克留柯夫的作品?

学者捷泽采用计算风格学的方法进行考证,从文章中随机地挑选出 2 000 个句子,再从肖洛霍夫、克留柯夫的各一篇小说中随机挑选 500 个句子,总共 3 组样本,3 000 个句子,然后输入计算机进行处理.从句子的长度、词类统计、不同位置的词类情况、句子结构以及样本中频率最高的 15 种句子的开始和结尾的结构,六个方面进行统计分析,最后确认该书作者确实是肖霍洛夫.

3.《清明上河图》

利用一一对应的思想方法,数《清明上河图》(如图 2 - 10)中的人物,共 815 人,用的是米粒对应于人后,数米粒而得到的结果.

图 2 - 10

七、数学家和文学家

许多数学家在数学上有超凡的思辨能力,同时又有丰富的、生动的想象力,他们的文学修养是一流的,甚至有优秀的作品传世.如解析几何的奠基人笛卡儿对诗歌情有独钟,那一句"我思故我在"成为一切思想者的座右铭.数学家柯西流亡国外时,曾在意大利的一所大学里讲授过文学诗词课,并有《论诗词创作法》一书留世.匈牙利数学家波利亚年轻时对文学很感兴趣,尤其喜欢德国大诗人海涅的作品,他因曾把其作品译成匈牙利文而获奖. 俄国著名女数学家索菲亚·柯瓦列夫斯基卡娅(Sofya Kovalevskaya, 1850～1891)多才多艺,文理兼美,既在数学上取得非凡成就,又在文学上负有盛名,其《童年的回忆》具有经久不衰的文学价值. 英国数理逻辑学家罗素是理发师悖论发现者,由于其文学作品影响巨大,于 1950 年获得诺贝尔文学奖. 德国分形研究家豪斯道夫(Felix Hausdorff, 1868～1942)也是个文学家.

但是,令人深思的一个现象:著名数学家中不少人都有相当的文学修养,并自觉地提高这种修养. 而相反,著名文学家中有相当数学修养的,有但不多. 尤其在中国,为什么?

第二节　数学语言与自然语言

数学是一种语言,它具有简约性、符号性、量化性的特点.

《汉语词典》中,对语言的解释如下:"是人类最重要的交际工具,是人类思维和表达思想的手段,也是人类社会最基本的信息载体,是人区别于其他动物的本质特征之一. 它是以语音为物质外壳,以语词为建筑材料,以语法为结构规律而构成的符号体系,是一种特殊的社会现象,随着社会的产生而产生、发展而发展."语言是人类进行沟通交流、传递信息的工具,是人类思维活动的载体.

数学语言是在自然语言的基础上形成和发展的,是一种表达科学思维的载体. 数学语言通常分为文字语言、符号语言和图表语言. 而数学符号语言作为数学语言中的最高抽象,具有鲜明的数学思维特征. 自然语言是在一定的生活背景和自然条件下形成的,不可避免地带有区域性、民族性和模糊性. 而数学思维要求高度的严密性、抽象性和概括性. 数学符号语言正是为适应数学思维的需要而产生的,它的产生有利于数学知识的传播,使数学有了飞跃式的发展,也使人类语言学达到一种新的高度. 那么,数学符号语言与一般的自然语言究竟有哪些千丝万缕的联系?

一、数学符号语言与自然语言的关系

1. 数学符号语言源自于自然语言

人类语言发展到阶级社会,产生了记录语言的工具——文字,文字是语言的载体,已经发展了五千多年,文字的产生标志着人类步入文明社会. 在本文中所说的语言主要是以文字和符号等为载体的自然语言. 数学符号的产生比语言文字要晚很多,一般来说,16～17 世纪在韦达、笛卡尔、莱布尼茨等数学家的努力下,才有了比较系统的数学符号. 最初的数学符号是零散的,是文字的一部分.

数学中最早产生的概念是自然数的概念,最早产生的符号是数字符号. 在文字产生以

前，人们用实物来记数，如小石子、竹片等，还用结绳和刻痕记数. 在文字产生以后，人们用文字记数，各个民族的文字差异也使记数符号有很大的区别. 直到数字符号统一之前，各民族的数学符号与本民族的文字是交融在一起的，是建立在本民族语言文字基础上的. 例如，古埃及的数学系统源自于象形文字，我国古代的数系则是源自于甲骨文. 就算是现行通用的数学符号很多也是取自于文字的缩写或变形，如对数符号"log"是"logarithm"的缩写，相似符号"∽"是"similar"的首字母变形，等等.

2. 自然语言的缺陷导致数学符号的产生

自然语言为数学符号语言的产生提供了土壤，但是，随着数学的发展，自然语言不足以描述抽象的数学思维，使得人们必然要寻求符合数学发展的语言. 自然语言本身含义丰富，词义具有多重性，同时有的民族的自然语言本身书写过于繁杂，不具有简便通用性. 像我国清末的数学家李善兰等翻译西方数学著作时，用汉字符号代替西方算学符号，这些符号不易书写，艰涩难懂，最终被历史所淘汰. 我国古代数学在世界上处于领先地位，但是宋元以后的数学发展却一度处于迟滞状态，很多学者通过研究指出，这是由于中国没有适时地引进数学符号体系，中国的闭关锁国和汉字本身的特点阻碍了我国数学的进步和发展.

拉丁字母简便易书写，具有很大的便利性，再辅以其他字母，就满足了数学思维表达的需求. 现行通用的数学符号有 300 多个，常见的有 200 多个. 这些数学符号从产生到统一，是不同时期不同数学家共同努力的结果，很多符号并不是一次性创造完成的，而是经过了不断的筛选，经历了大浪淘沙，留存至今.

3. 数学符号与自然语言的辩证统一

数学知识是抽象的结果，但是抽象的思维若没有自然语言的支撑，无疑就是没有根基的大厦. 例如最简单的数学符号"1"，如果它单独出现，就没有任何意义，如果说"1 个苹果"、"1 箱梨"、"1 个工程"……，这就使"1"有了丰富的内涵. 所以说数学符号虽然脱胎于自然语言，但是仍要依托于自然语言.

数学符号产生以后，并非脱离了自然语言，它和自然语言相辅相成，数学符号的传播依然要借助自然语言，而数学符号的发展使自然语言弥补了自身的局限性，得到发展.

二、数学符号区别于自然语言的特征

1. 含义的确定性

自然语言的含义是丰富多彩的，一词多义是它的特色. 但是数学的概念、命题和规则都要求科学性、严谨性. 数学符号的表达则显现出这样的特点，每个数学符号都有其确定的含义，很少有歧义. 例如，自然语言"18 岁以下"，是否包含 18 岁是不明确的，需要作补充说明，而用数学符号"$x \leqslant 18$",则清晰明确.虽然数学符号中也有表示多重意思的符号,如"＋"可以表示"加号",也可以表示"正号",但是一般根据上下文,其含义是可以判定的,并且数学符号中多重含义的符号不像自然语言的多义性那样普遍.

2. 简明性和抽象性

数学中复杂的运算关系、推理论证,各种概念、命题等,往往用简单的数学符号就能简明地表示出来,正是数学符号的这种特点,数学的符号语言才能够世界通用,源远流长.表2-1中,分别用数学符号和自然语言来表示数学中的一些简单的概念,做一个简单的比较.

表 2-1

概念	自然语言	数学符号语言
乘法分配律	两个数的和同一个数相乘,可以把两个加数分别同这个数相乘,再把两个积相加,结果不变.	$(a+b) \times c = a \times c + b \times c$
正比例	两种相关联的变量,一种量变化,另一种量也随着变化,如果这两种变量相应的比值一定,那么这两个变量之间的关系就叫做正比例关系.	$\dfrac{y}{x} = k(k \neq 0)$
平方差公式	两数的和与它们的差的积等于这两个数的平方差.	$(a+b)(a-b) = a^2 - b^2$

从表2-1可以看出数学符号语言的简洁性,自然语言表达比较繁琐,不便于记忆,而数学符号则克服了自然语言的缺陷,这样不仅便于记忆,也便于数学概念的运用和表达.

同时,也可以看出,数学符号具备抽象性和概括性,可以用简单的字母来表示任何数.数学发展到现代,在高等代数的领域已经很难看到以现实生活为原型的基础,数学本身的抽象性通过数学符号更好地展现出来.

3. 统一性和通用性

数学符号语言虽然取自于某几个民族的语言文字系统,但是,发展至今,它独有的特点使它跨越国界,成为通用的语言,它的统一性和通用性是毋庸置疑的.当然,数学语言并不能完全克服自然语言的影响,有时需要遵循本民族语言的习惯.比如我国读数时通常是以四个数字为一个单位来读的,分别以"万"、"亿"作一个分段.像 6,6666,6666 读作 6 亿 6666 万 6666.而英语的习惯是三三分段,分别以"million"(百万)、"thousand"(千)为一个分段,如 666,666,666,读作 666 million 666 thousand 666.若遵从英语的习惯,中国人就要读作六百六十六百万,六百六十六千,六百六十六.这样读起来非常拗口,也容易产生歧义.

三、数学符号的分类

数学符号语言独有的特点使它为数学的发展提供了动力,简单明确地表达了数学思维.各学者的分类标准不同,众多数学符号的归属类别也是不一样的.例如,将数学符号分为元素符号(表示数和几何图形)、运算符号(如四则运算等)、关系符号(表示数、式、图和集合之间的关系)、结合符号(表示运算顺序的符号)、约定符号(如阶乘符号)和性质符号(表示数形的性质).这种分类是现在普遍认可的,也有学者根据数学符号书写和自身的意义,将数学符号与我国的"六书"(汉字的造字六法)进行类比,作了分类,本文结合自己的理解整理如下.

1. 象形

用文字的线条或笔画,把要表达物体的外形特征具体地勾画出来.例如,"月"字像一弯明月的形状,"山"像山峰的形状.

数学符号中如"△"表示三角形,"∠"表示角,"⊙"表示圆.这类数学符号主要是几何符号居多.

2. 指事

与象形的主要区别是指事字含有绘画较抽象的东西.例如,"刃"字是在"刀"的锋利处加上一点,以作标示;"凶"字则是在陷阱处加上交叉符号;"三"则由三横来表示.

数学符号中"∥"、"⊥"表示两条直线的位置关系,并不是表示平行或垂直本身;"="表示均衡,某种数量关系中的相等.

3. 会意

会意字是指两个或多个独体字以所组成的字形或字义合并起来,表达此字的意思.例如"酒"字,以酿酒的瓦瓶"酉"和液体"水"合起来,表达字义.

相当于数学符号中全等符号"≌",由相似符号"∽"和等号"="结合,表达全等的含义,还有不等号"≠",小于等于号"≤",大于等于号"≥".

4. 形声

形声字由两部分组成:形旁和声旁.形旁是指示字的意思或类属,声旁则表示字的相同或相近发音.例如,"樱"字,形旁是"木",表示它是一种树木,声旁是"婴",表示它的发音与"婴"字一样.

数学符号中用"Rt∠"表示直角,其中Rt是声,是英文"right"(直)的缩写,"∠"是形;数学符号中很多是文字的缩写,如三角函数符号 sin,cos,cot.

5. 转注

当两个字是用来表达相同的东西,词义一样时,它们会有相同的部首或部件.例如,"考"、"老"二字,本义都是长者,"颠"、"顶"二字,本义都是头顶,这些字有着相同的部首(或部件)及解析,读音上也是有音转的关系. 数学中将根"root"的首字母变形成根号的符号 "$\sqrt{}$",积分符号"$\int$"将表示和的单词"sum"的首字母拉长.

6. 假借

就是假借已有的音同或音近的字来代表,这种跟借用的字的形义完全不合的字就称为 假借字,也就是文字的引申含义. 数学符号中加减符号"＋"、"－"引申为正负号.

第三节　数学语言与大众传媒语言

网络、电视、报刊等媒体语言也在借助数字语言. 随着社会信息化程度的提高,科学知 识的日益普及,人们交流的语言也越来越丰富,越来越趋向整合. 物理上的"**磁场**"概念被借 用来做人的一种无形影响力——"**气场**",生物学上的"**生态**"两字被用来描述教育领域的一 种教学环境——"教育**生态**",而数学上的名词与术语更是广泛地被用于日常生活、经济等 领域. 近几年,如**拐点**、**指数**、零距离等术语常见诸报端和媒体,"事业**坐标**"、"人生**轨迹**"早 已经是人们耳熟能详的词语,上网聊天的人知道"88"(**再见**)、"9494"(**就是就是**)等是网络 常用语. 那么,这些进入日常交流中的数学术语与在数学中的定义是相同,扩大或缩小,还 是完全不同? 这是一个有意思的问题,通过一番探究后发现其不外乎以下几种情形.

一、借用其意,夸饰其文

夸饰是汉语的一种修辞形式,即用形象化的语言把事物的本质特征夸大或缩小,以取 得强烈的表达效果. 夸饰分为"夸大"和"缩小"两种.

比如,现在时尚的年轻人常会这样说:"我打了 n 次电话,一直打不通."在数学中,n 常 代表一个有限的自然数,而在上述表达中,更多地倾向于"很多次,已记不清了"的意思. 又 如,有时教师说调皮的学生:"你**收敛**一点好不好?"**收敛**,在数学中是指某数列的项数趋向 于无穷时其项趋向于某一固定值的情形,或一无穷项和(无穷级数)其和是一有限值的情 形;而在上述语境中,是指说话、动作幅度小一点、约束一点,注意自己形象,实为一种借代、 夸张的说法. 还如,"本台记者昨日**零距离**接触了刘翔". 在数学中,**零距离**就指两点重合、两 线或两面相交时的距离,而在实际生活中,并不是指访谈或会面必须贴在一起,只是表达一 种亲密程度和接近程度.

二、源于典故,约定俗成

在生活中,我们常会听到这样的埋怨话"你当时不管**三七二十一**,把这事办了,现在可 麻烦了"."**三七二十一**"本是数学中做乘除运算时的一句口诀,在中国,由于"九九表"妇孺老少都能脱口而出,因此听起来特别顺.在上面它已不具备数学的含义,只是由典故引发的一种约定俗成.此典故是这样的:战国时,苏秦主张合纵抗秦,张仪主张连横事秦.一次,苏秦到了齐国都城临淄,见到了齐宣王,进行游说抗秦.齐宣王谈到齐国的兵力不足时,苏秦说,都城临淄有七万户,我私自计算了一下,每户按 3 个男子服役,这就是三七二十一万兵,抗秦的兵源,用不着再往别处征兵,仅临淄一城,就足够了.苏秦的这个算法,显然是不切合实际情况的,全城不可能达到每户都出 3 个男子当兵.即使男子,也不一定都能从军,因为还有老、幼、病、残在内.后来,人们把"不管三七二十一"作为讥喻的贬义词来相传,并且在含意上有所扩展,成了不问是非情由,不分青红皂白,蛮干、愣头青的同义俗语而应用在社会生活方面了.同样的,"我三下五除二就把它解决了"中的三下五除二则是算盘口诀,形容做事及动作干脆利索.又如,现在常听见的一句骂人话:"你这个二百五!"在数学中,二百五 = 250,是纯粹的一个三位数.而二百五在民间可不是一个好数字,常用它代指傻瓜、笨蛋.那么,两者怎么会连在一起呢?一说来源于战国故事.苏秦作为战国时的一个说客,身佩六国相印,一时很是威风,但也结下了很多仇人.后来,他终于在齐国被人杀了,齐王很恼怒,要为苏秦报仇.可一时拿不到凶手,于是,他想了一条计策,让人把苏秦的头从尸体上割下来,悬挂在城门上,旁边贴着一道榜文说:"苏秦是个内奸,杀了他黄金千两,望来领赏."榜文一贴出,就有四个人声称是自己杀了苏秦.齐王说:"这可不许冒充呀!"四个人又都咬定说自己干的.齐王说:"一千两黄金,你们四个人各分得多少?"四个齐声回答:"一人二百五."齐王拍案大怒道:"来人,把这四个'二百五'推出去斩了!""二百五"一词就这样流传下来.四个笨蛋被齐王引诱上钩,不知就里,为分一千两黄金而做除法,$1\,000 \div 4 = 250$ 而得.

三、全然相反,以讹传讹

人们常说:"汽车以每小时 60 公里的速度向前行驶着,突然来了一个 360° 大转弯",实质上这种表述是错误的,360° 是一周角,它只表示转回原地,怎么会大转弯呢?大转弯应该是 180°.又如,在跑步跑得累极了的时候,我们就会说:"不行了,我跑不动了,已到**极限**了","登上珠峰,挑战**极限**"等,这里**极限**表示时速和能力的最大限度的状态;而数学中**极限**只是函数在一个变化过程中的趋向值,它未必是数列极(最)大值.在数学中,**圆**是一条平面曲线,**圆面**是由圆周围成的平面部分,而**球体**则是一个立体的图形,三者完全不是一回事,而在日常生活中,人们常常圆、圆面、球体不分,说"地球是**圆**的","饼是**圆**的"等.结果是以讹传讹,好在人们熟悉具体的场景和物品,就心照不宣了.

四、数字虚指,妙成意境

中国古诗词因对仗、音韵之需,常喜欢用数字借代,以部分借代整体以表达诙谐之意.如杜甫的著名《绝句》:

> 两个黄鹂鸣翠柳,一行白鹭上青天.
> 窗含西岭千秋雪,门泊东吴万里船.

还有宋代大诗人邵雍《山村》：

> 一去二三里,烟村四五家.
> 亭台六七座,八九十枝花.

清朝民间流传的《咏雪》：

> 一片一片又一片,两片三片四五片.
> 六片七片八九片,飞入芦花都不见.

诗中的数字只是虚指,由于数字的巧妙运用,不仅使诗工整、对仗,而且朗朗上口. 不仅使诗的表达有了量化的意味,还具有了用简单表达丰富意蕴的感觉.

五、直用术语,形象借喻

古希腊哲学家借用**圆**这一直观形象的数学图像来解释学习知识:"如果用**小圆**代表你们学到的知识,用**大圆**代表我学到的知识,那么**大圆的面积**是多一点,但**两圆之间**的空白都是我们的无知面. 圆越大其圆周接触的无知面也越大."又如,俄国大文豪托尔斯泰在谈到人的评价时,把人比做一个**分数**,他说:"一个人就好像一个**分数**,他的实际才能好比**分子**,而他对自己的估价好比**分母**. 分母越大,则分数的值就越小."用数学中浅显易懂的**圆**和**分数**术语及相关性质,对深奥的道理加以描述,化抽象为具体,化繁为简,帮助人们深入地理解,并使语言生动形象,富有文采.

六、同字异意,细加辨别

数学中有**指数**概念,经济报告中也时常有**指数**字眼,如股市中的"上证**指数**"、"幸福**指数**"、"道·琼斯股票**指数**"、"健康**指数**"等. 虽然同字,但意义完全不同. 数学中的**指数**,是指一个数自身反复连乘的次数,而经济生活中的**指数**实际上是**指标数**,如股市中"上证指数"全称"上海证券交易所综合股价指数",是国内外普遍采用的反映上海股市总体走势的统计指标."幸福**指数**"就是衡量幸福感受具体程度的主观指标数值,国民幸福指数 ＝ 生产总值指数×$a\%$＋社会健康指数×$b\%$＋社会福利指数×$c\%$＋社会文明指数×$d\%$＋生态环境指数×$e\%$,其中a,b,c,d,e分别表示生产总值**指数**、社会健康**指数**、社会福利**指数**、社会文明**指数**和生态环境**指数**所占的权数,具体权重的大小取决于各政府所要实现的经济和社会目标. 可以说,作为最重要的非经济因素,它是社会运行状况和民众生活状态的"晴雨表",也是社会发展和民心向背的"风向标". 另外,今年很多房地产专家在分析中国房地产市场走势时,总是发出这样的疑问:"中国房市是否已出现**拐点**?"这里的**拐点**与数学中的**拐点**一样吗？数学中**拐点**指的是函数曲线上凹凸性转折的点,而经济领域中的**拐点**是函数曲线增减性的转折点,实则为波峰或波谷点. 两个概念完全不同. 因此,专业数学术语和在日常语言的使用方式切勿混淆.

只要读者能做如上的关注、联想、发现和积累,交流时能适时地穿插,就不会感到数学概念的抽象、无用,学习兴趣也会被点燃和激发.

第四节 数学与艺术

一、数学与美术

黄金分割在自然界和人体中如此广泛地存在,因此成为人类潜意识中的审美标准,成为了人类艺术的宠儿.作品《维特鲁维人》、《断臂的维纳斯》、《蒙娜丽莎》、《拾穗者》等中都将黄金分割表现得淋漓尽致(如图 2-11~图 2-14).

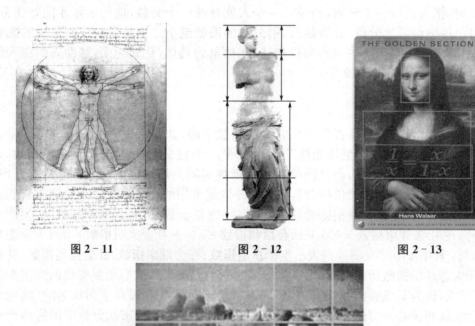

图 2-11   图 2-12   图 2-13

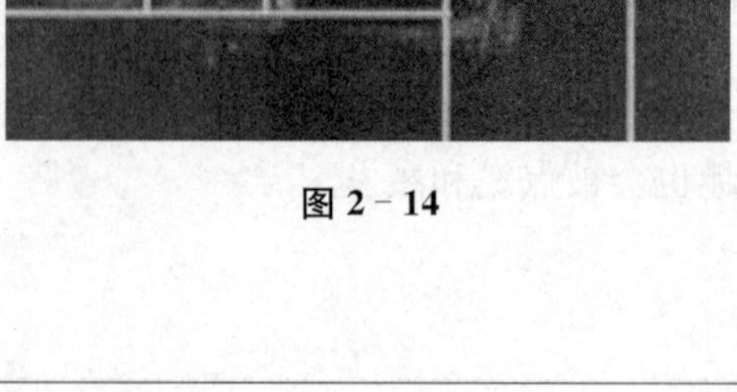

图 2-14

透视画法是几何学与绘画技术的一种完美结合。这一画法的开创者是乔托(Giotto, 1270~1337)，他最早提出在构图上应把视点放在一个静止不动的点上，并由此引出一条水平轴线和一条竖直轴线来。从此，乔托在绘画艺术中恢复了空间观念，从而表现了深度这个第三维度。

15 世纪，西方画家们认识到，为了描述真实世界，必须从科学上对光学透视体系进行研究。比如，布鲁莱斯基(Brunelleschi, 1377~1446)就在这方面作出了重要贡献，而第一个将透视画法系统化的则是阿尔贝蒂(Alberti Leon Battista, 1404~1472)。他在《绘画》一书中指出，做一个合格的画家首先要精通几何学。

对透视学做出最大贡献的则是达·芬奇，他是著名的画家、雕塑家、建筑家和工程师。他认为数学对于艺术是至关重要的。他强调艺术家首先应该了解并掌握这门学科，以便洞悉和谐的秘密，因为数学是建立在比例、尺度和数字的基础之上的。

谈到数学与美术，不得不提荷兰绘画大师埃舍尔，在他的作品中数学的原则和思想得到了非同寻常的形象化(如麦比乌斯带、瀑布、画廊等)，如图2-15~图2-17所示。因为这个荷兰的艺术家没有受过中学以外的正式的数学训练，因而这一点尤其令人赞叹。随着他的创作的发展，他从他读到的数学的思想中获得了巨大灵感，他工作中经常直接用平面几何和射影几何的结构，这使他的作品深刻地反映了非欧几里得几何学的精髓。

图 2-15　埃舍尔作品《麦比乌斯带》

从以上几幅埃舍尔的代表性的画作中，我们不难体会到作品中的数学意蕴，数学是埃舍尔艺术的灵魂。他那看似秩序却又混乱的作品，已超越了数学与艺术的界限。他在透视、反射、周期性平面分割、立体与平面的表现，"无穷"概念的表现，"不可能结构"的表现，正多面体等方面都做了大量的探索，他的画有一种抒情之美和精致的数学美。埃舍尔的作品在很长的一段时期内被忽视，然而从 20 世纪 90 年代后期以来，人们发现，埃舍尔作品中的视觉模拟和今天的虚拟三维视像与数字方法是如此相像，而他的各种图像美学也几乎是今天电脑图像视觉的翻版。因此，有人说，埃舍尔的艺术是真正超越时代、深入自我理性的现代

图 2-16 埃舍尔作品《瀑布》

图 2-17 埃舍尔作品《画廊》

艺术,也有人把他称为三维空间图画的鼻祖.

1982 年,数学家们了解到只有三种类型的极小曲面,叫做极小完全浸入曲面——这三种曲面趋向于无穷而且永远不会自我交叉.这三种曲面就是平面、悬链面和正螺面,所有三种的部分形状都可以通过肥皂膜而得到.三种中没有一个有环柄,更精确地说,它们的拓扑型是 0.大概过了 20 年的时间,数学家们已经开始怀疑是否至少存在一个环柄完备浸入曲面,它的拓扑型比 0 大.两个美国数学家 David Hoffman 和 William Meeks 三世,运用巴西数学家 Costa 发现的公式证明了一类极小曲面的存在性:有洞的极小曲面,且它的拓扑型是相当高的.这两个数学家利用图片技术证明了这结果,这是第一个运用图片技术证明定理的令人激动的例子.

美国的福格森(Helaman Ferguson)是一位雕塑家,并一直从事数学教学工作,他有了这样的想法:应用他的计算机辅助技术去雕塑 Costa 曲面.福根森制作了几个有美感的物件,特别是为米兰科学中心展览做的"超越数"和一个直径为 10 英寸的 Costa 极小曲面.

尽管运用到了精确的数学公式和内容,福根森的雕塑还是用艺术语言描述了一些抽象的可见物.他的雕塑既不是死板的几何布局,也不是数学说明.艺术家选择运用数学概念创作物件既温馨又充满人情味儿. 最近几年, 艺术家和数学家之间新的关系已经很深厚了.

二、数学与音乐

看着图 2-18, 你会想到哪些问题? 音乐中基本音 1,2,3,4,5,6,7,i 怎么产生的? 音律是怎样定出来的呢? 乐谱中每一小节的拍数要满足什么关系? 音乐作品的高潮点往往会选择在哪一点上? 钢琴的弦和风琴的管外形轮廓是怎样的? 柔和声乐的乐声可以怎样表达? 这些问题都与数学密切有关!

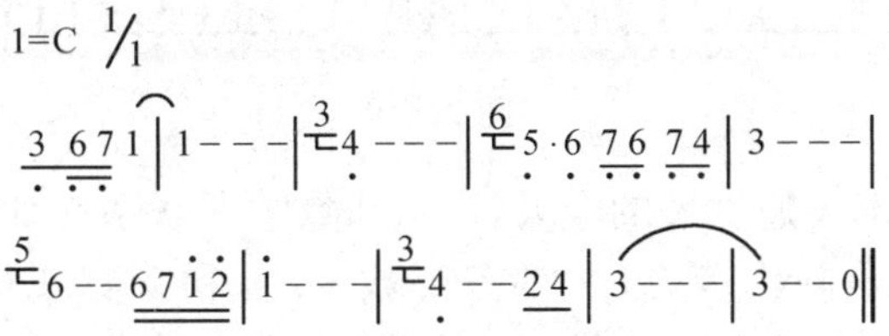

图 2-18

乐谱的书写是表现数学对音乐的影响的第一个显著的领域. 在乐稿上, 我们看到速度、节拍(4/4 拍、3/4 拍等等)、全音符、二分音符、四分音符、八分音符、十六分音符等. 书写乐谱时确定每小节内的某分音符数, 与求公分母的过程相似——不同长度的音符必须与某一节拍所规定的小节相适应. 作曲家创作的音乐是在书写出的乐谱的严密结构中非常美丽而又毫不费力地融为一体的. 如果对一件完成了的作品加以分析, 可见每一小节都使用不同长度的音符构成规定的拍数. 数学中的平移, 构成音乐中的反复; 数学中的反射, 构成音乐中的起伏.

黄金分割应用于作曲则是数学对音乐产生影响的另一个显著领域. 黄金分割是一个数字的比例关系: 即把一条线分为两部分, 长段的长度值与短段的长度值之比等于整条线的长度值与长段的长度值之比, 其数值比为 1.618 : 1 或 1 : 0.618. 神奇的黄金分割以其独特的比例性、和谐性、艺术性, 蕴含丰富的美学价值. 20 世纪, 某些音乐流派开始打破以往的规范形式, 而采用新的自由形式. 匈牙利的巴托克(1881~1945)就曾探索将黄金分割法用于作曲中. 在一些乐曲的创作技法上, 将高潮, 或者是音程、节奏的转折点安排在全曲的黄金分割点处. 例如, 要创作 89 节的乐曲, 其高潮便在 55 节处, 如果是 55 节的乐曲, 高潮便在 34 节处.

再看一下乐器之王——钢琴的键盘吧, 如图 2-19 所示, 其上也恰好与斐波那契数列有关. 我们知道在钢琴的键盘上, 从一个 C 键到下一个 C 键就是音乐中的一个八度音程. 其中共包括 13 个键, 有 8 个白键和 5 个黑键, 而 5 个黑键分成 2 组, 一组有 2 个黑键, 一组有 3 个黑键. 2,3,5,8,13 恰好就是著名的斐波那契数列中的前几个数.

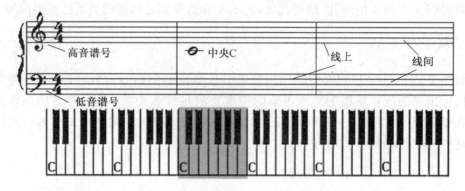

图 2−19

在计算机和信息技术飞速发展的今天,音乐和数学的联系更加密切. 在音乐理论、音乐作曲、音乐合成、电子音乐制作等方面,都需要数学. 普利策奖获得者、作曲家沃瑞恩(C. Wuorinen)受芒德勃罗(Mandelbrot)著作的启发,用分形迭代的办法作了几首曲子,其中《和谐的班波拉》(Bamboula Squared)于 1984 年由纽约交响乐团演奏过. 此外,作曲家道奇(C. Dodge)、伯恩斯坦(L. Bernstein)、勋伯格(A. Schonberg)等都注意到了分形思想对于乐曲创作的重要性,并亲自尝试创作分形音乐. 令我们自豪的是,现在被世界各地广泛采用的来确定音乐体系中各音的高度的常用方法——"十二平均律"就是我国明代数学家、音乐学家朱载堉创造的.

数学和音乐的关系还有一个有趣的小故事呢. 据说,2 500 年前的一天,古希腊哲学家毕达哥拉斯外出散步,经过一家铁匠铺,发现里面传出的打铁声响要比别的铁匠铺更加协调、悦耳. 他走进铺子,测量了铁锤和铁砧的大小,发现了一个规律,音响的和谐与发声体体积的一定比例有关. 尔后,他又在琴弦上做试验,进一步发现只要按比例划分一根振动着的弦,就可以产生悦耳的音程. 就这样,毕达哥拉斯在世界上第一次发现了音乐和数学的联系.

第五节　数学与哲学

哲学一开始就与数学结下不解之缘. 古希腊时期,最早的唯物主义哲学家泰勒斯、德谟克利特,唯心主义哲学家毕达哥拉斯、亚里士多德、柏拉图以及 17 世纪时笛卡儿、莱布尼茨、恩格斯等既是哲学家又是数学家. 19 世纪末,两位受过数学训练的哲学家对当代哲学产生最大影响:一位是胡塞尔,一位是罗素. 胡塞尔以数学哲学论文获博士学位,他早期哲学都是从算术及逻辑出发的,由此提出他的现象学观念,后来发展成为现象学哲学流派. 罗素对数学的研究直接影响他的哲学观点,他在追求数学的确定性而企图给数学奠定一个稳固基础时,发现了他的哲学方法——分析方法,开创了现代分析哲学这个巨大的哲学流派.

说到底,哲学是对具体的东西作抽象的研究,数学是对抽象的东西作具体的研究.模糊的哲学与精确的数学相当于人类的望远镜与显微镜.哲学悖论的出现往往会导致数学的危机:如第一次数学危机是在"万物皆数"哲学观破灭时,而后促成了实数理论的建立;第二次数学危机是在贝克莱大主教提出"无穷小既不是 0 又不是非 0 的数量,那它一定是量的鬼魂"的悖论时,而后微积分得以进一步产生与完善;第三次数学危机是在罗素提出理发师悖论,对数学大厦基础——集合论提出了挑战时,这是数学史上的第三次危机,而后促使数学家对公理基础进行论证,促进了数学逻辑的严谨性.

数学概念中有许多哲学范畴的对立统一关系:正和负、加和减、乘和除、连续与间断;导数和积分;随机和必然…….哲学原理量变引起质变在数学中到处可找到例子:平面与圆锥面相截形成椭圆、抛物线、双曲线,实系数二次方程根,极限,级数,突变.

可以说,哲学与数学几乎同步地发展着——数学始终在影响着哲学,数学也在受哲学的影响,数学的领域在扩大,哲学的地盘在缩小.

第六节　数学与影视剧

有关数学家方面的书在全世界获得了巨大的成功,如 Simon Singh 的《费尔马大定理》,Hans Magnus Enzensberger 的《数魔:一个数学发现》,Apostolos Doxiadis 的《皮丘叔叔和哥德巴赫猜想》.最近几年,数学家们像出现在书中那样频繁地出现在影视剧中,这一点并不令人惊奇.

一、数学与戏剧

剧院中有关数学家的成功剧本,最早要数 Tom Stoppard 写的《世外桃源》,它以数学家 Osserman 为加利福尼亚的贝克莱数学科学研究机构所做的事为题材.在《世外桃源》中,Stoppard 想象了这样一个数学奇才——13 岁的女主角 Thomasina Coverly,她发现了随后闻名的曼德布罗特集合,就是直觉分形的第一个雏形,而她仅仅 16 岁就悲惨死去,阻止了她获得与其数学贡献相称的尊重.

关于数学家的戏剧繁荣发生在 2000~2001 年,在 2000 年(2000 年恰好是国际数学年)有几个关于数学的戏剧同时在纽约百老汇和外百老汇剧院上演.由戴伟·阿本创作的《证明》于 2000 年 5 月下旬在曼哈顿剧院俱乐部开演,主题是:数学世界.

"证明"在片名中蕴涵的意思是数论问题,但作者从来没有试图去达到这个数学问题的深度,阿本说他的剧本不想去"证明理论",不愿用专业数学信息而愿偶遇数学家来帮助作者和演员去实现这样的意图:数学不是枯燥无味的东西,数学家们喜爱自己,他们讨论,争吵,互相鼓励,"这对我们大家都很惊奇". 阿本也承认他在学校时数学并不很好,他说我们今天生活在技术型年代,在这个年代中,技术自身产生大量的"戏剧",也许这"两种文化"的分离正在消融.

从 2000 年 10 月起,这部戏剧的演出是如此的成功以至于被移至百老汇大剧院,而且到了 2002 年,这个演出时段作为美国观光日被固定了下来.《证明》也被官方重新认识了,它获得三项托尼奖:最佳剧本、最佳女演员和最佳导演奖. 除此之外,在 2001 年这个剧本还得到了普立策大奖.

另一部获得超常成功的戏剧《无限》最初是在 2002 年 3 月 Picolo Teatro 剧院(米兰的欧洲剧院)演出,然后在西班牙演出,这个剧本是由 Luca Ronconi 在约翰·包罗原著的基础上创作的,它把数学本身放到舞台上,没有特色,没有情节,由数学起主导作用.

戏剧中希尔伯特的无限旅馆,用数字、人物、楼层、数学以及它们的图形呈现在液晶屏上的那些数字来表示无限扩张的空间,所有这些都是为了吸引你在第一次观看这个剧时去关注演员,然后最后一幕结束时回过头来再想发生了什么. 在屏幕上的那些数据能解释标记(手势)、想象、建议、讽刺. 聪明的事情是导演、观众和演员全都在实验,这样一个空间当然不是无限的,但它非常接近于我们想象中的无限空间的样子. 观众有机会去实验、去比较、去理解作为该剧导演想表达什么,而且可以去评价人类创造力由什么组成,在不同的地方,具有不同的文化和语言的地方可以有统一的主题——数学,因为数学的普遍性,使得它可以成为理想的桥梁.

二、数学与电影

1.《美丽心灵》

最近几年,显然最吸引人们注意力的数学电影要数《美丽心灵》(A Beautiful Mind)(如图 2 - 20). 2001 年 12 月,好莱坞电影《美丽心灵》在美国上映,它是以获得诺贝尔经济学奖的数学家约翰·纳什为原型的电影,是一部关于一个真实天才的极富人性的剧情片.

故事的原型是数学家小约翰·福布斯·纳什(Jr. John Forbes Nash). 英俊而又十分古怪的纳什早年就做出了惊人的数学发现,开始享有国际声誉. 但纳什出众的直觉受到了精神分裂症的困扰,使他向学术上最高层次进军的辉煌历程发生了巨大改变. 面对这个打击,纳什在深爱着的妻子艾丽西亚(Alicia)的相助下,毫不畏惧,顽强抗争. 经过了几十年的艰难努力,他终于战

图 2 - 20

胜了这个不幸,并于 1994 年获得诺贝尔经济学奖. 这是一个真人真事的传奇故事,今天纳什仍然在他的领域中耕耘着.

这部电影获得了第 74 届奥斯卡奖的 4 个奖项:最佳影片、最佳导演、最佳改编剧本和最佳女配角. 约翰·纳什的故事告诉我们:一个数学天才一生大部分时间都很孤独,与他周围的世界相隔离,这是一个他不能交流的世界. 约翰·纳什解决了几个问题,尽管不是很多,但全部是数学上相当重要的问题. 在 1950 年和 1958 年之间,他出版了 15 本著作,在 1994 他因在经济学方面的研究而获得诺贝尔奖. 电影探讨了纳什后来被称为"纳什均衡"的博弈理论的主要观点之一,它反过来是经济学的数学模型的必要工具之一. 这个理论借助于一个引人入胜的相当科学准确的例子来说明. 纳什在密码理论方面的兴趣也相当浓厚,这个兴趣后来成为了他摆脱不了的执着追求.

2.《心灵捕手》

另一部以拯救数学天才为题材的电影是由 Gus van Sant 导演的《心灵的捕手》(Good Will Hunting)(如图 2-21). 剧情是这样的:一个麻省理工学院的数学教授,在他系里的公布栏写下一道他觉得十分困难的题目,希望他那些杰出的学生能解开答案,可是却无人能解. 结果一个年轻的清洁工(麦特·戴蒙饰)却在下课打扫时,发现了这道数学题并轻易地解开了这个难题. 数学教授在找不到真正的解题者之后,又写下了另一道更难的题目,要找出这个数学天才.

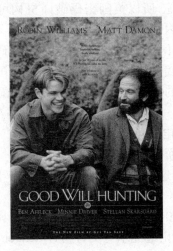

图 2-21

原来这个可能是下一世纪的爱因斯坦的年轻人叫威尔·杭特,他聪明绝顶却叛逆不羁,甚至到处打架滋事,并被少年法庭宣判送进少年观护所. 最后经过数学教授的保释并向法官求情,才让他免受牢狱之灾. 虽然教授希望威尔能够重拾自己的人生目标,而用尽方法希望他打开心结,但是许多被教授请来为威尔做心理辅导的心理学家,却都被这个毛头小伙子洞悉心理并反被威尔羞辱,纷纷宣告威尔已"无药可救".

数学教授在无计可施的情况下,只好求助他的大学同学及好友(罗宾·威廉斯饰),希望他来开导这个前途岌岌可危的年轻人.到底最后威尔能不能打开心胸拥抱生命?会不会把他之前所遭遇的困境抛诸脑后?这副担子就落在主演的肩膀上了.

3.《密码迷情》

《密码迷情》是以真实人物阿兰·麦席森·图灵为原型,图灵是英国著名的数学家和逻辑学家,被称为计算机科学之父、人工智能之父,是计算机逻辑的奠基者.

1939年9月4日,数学家图灵到达伦敦北部大约50英里的不列颠公园参加一个项目.不列颠公园是政府密码和暗号学校的司令部,在二次世界大战爆发之时,英国的秘密服务者——著名的SIS和M16,为了破译敌人的通讯密码都被转移到了这个中心.那时,图灵正带领专家研究计算机.他的计算机化数字思想和设备都叫做"图灵机器",他的研究成果最终促成了第一台计算机的诞生.

那个时期为秘密机构服务的主要工作是破译纳粹的密码系统,当时这套密码系统主要依靠"艾尼格玛"机器.按照德国人的想法,这套密码是不可破译的.

1941年5月7日,一台带有全部指令的"艾尼格玛"机器被缴获了,这使得在真正意义上第一时间去破译信息成为可能,所以英国密码破译机构可以马上采取行动.到1941年8月,英国人可以在36个小时之内破译任何信息.

1942年2月1日,所有德国潜水艇都改变了他们的密码系统.英国反密码设备不再有用,反密码工作再次开始.自从美国人介入这场战争后,美国人拥有更多的基金,他们的秘密部队就开始去建立他们自己的机器,比英国的更快、更准确.到1943年底,甚至最远距离的U型舰艇位置也被发现了.

1943年12月,第一台完全电子化的机器"克鲁苏"投入工作.图灵在1954年自杀,因为在1953年,他已经因为同性恋而被迫接受激素治疗.

由于国家秘密安全的原因,这个故事只在30年后公布于众,而且形成了罗伯特·哈里的著作《密码迷情》的雏形.

剧作家兼导演汤姆·斯多帕特已经为名叫《迷》(又称《密码迷情》《拦截密码战》)(如图2-22)的电影写了剧本原稿,后由迈克尔·艾普特(Michael Apted)执导,由Mick Jagger制片.故事发生在二战期间的英国.汤姆·杰里科是一名出色的密码破译专家,他在布兰彻利公园密码破译中心工作,帮助盟军破解代号为"谜"的密码.在这里,他与一位女雇员,克莱尔·罗米利发生了一段短暂而炽烈的感情.克莱尔美丽动人,但却是个谜样的神秘女子,在她身上似乎隐藏着不少秘密.尽管如此,在破译中心她还是吸引了大批的追逐者,汤姆仅仅是其中之一罢了.

图 2-22

而对汤姆来说,自从 5 年前战争爆发他开始这份辛苦的工作以来,他就没有再享受过生活的乐趣和爱情的甜蜜,因而他很快就陷入了对克莱尔深深的迷恋中.不过,显然克莱尔并不投入,她不久就厌烦了,并提出分手,汤姆顿时一蹶不振,工作也心不在焉.这种沮丧和痛苦终于被傲慢的上司激发出来,他冲动地对上司大打出手,这一举动使他被调职.1943 年 3 月,位于布兰彻利公园的英国破解密码团队——X 机密工作站,面临了可怕的梦魇:纳粹德国的 U 型潜艇,毫无预警地更改了别号"谜"的密码,这是潜艇和德军最高指挥部的通讯密码.正运送一万名乘客及重要补给物资横越大西洋的同盟国护航舰队,此刻危在旦夕,随时都可能遭到 U 型潜艇的埋伏攻击.英国当局再度向年轻的天才数学家汤姆·杰里科寻求协助,因为他是解码高手.

不为人知的是,杰里科心中也有另一个无法解开的谜:就在情报局怀疑布兰彻利公园可能有纳粹间谍渗透的同时,他心爱的女人克莱尔离奇失踪了.为了解开心中的谜团,杰瑞科向克莱尔的好友海丝特求助.

他们抢先特情局一步,对克莱尔神秘的生活展开调查.最后他们赫然发现,整个事件的幕后竟牵扯出一连串国际间军事的机密与人心的相互背叛……

这是一部颇具英国特色的电影,缓慢的移动、局势、细节都刻画得很好.我们见到了数学家,我们看到了他们在哪里工作,尽管我们不能准确知道他们在干什么,虽然他们被叫做书呆子但很可爱.在这部电影中没有提到图灵,取而代之的是一个虚构的数学家,名叫 Tom Jericho.在爱情上他把头低在脚跟上(这看起来是电影中数学家的命运),尽管他看起来很好,但穿得邋遢而且某种程度上是一个空想家.他有很好的直觉,在某种程度上是一个天才.这是一部审视自身细而又细的一部电影.斯多帕特已经完全改变了原著中的结尾,而且他的新叙述更好.

4.《钱线对战》

由阿克西姆电影公司发行的澳大利亚电影是由罗伯特·考那理编剧兼导演的第一部故事片，意大利电影《钱线对战》（The Bank）（如图 2−23）. 主要角色是数学家 Jim Doyle，由 David Wenham 扮演，他的对手是银行阴险的首席执行官，由 Anthony Lapaglia 出色地扮演，他的脸形正好适合这样的角色. 这部电影也是一部恐怖片，因为有一个次要情节是沿着数学家和银行家之间的殊死决斗而展开的.

图 2−23

电影讲述了这样一个故事：一个心地纯洁的科学家设计出的一套可以预测世界股票走势的电脑程序，却成为银行商人妄想一夜致富的觊觎对象. 金钱与权力永远是考验人性黑暗面的最大诱因，道德与欲望的拉锯，使得两个男人针锋相对. 这场金钱游戏考验着他们的智慧与耐力，谁会是游戏中的真正赢家呢？本片获得澳洲电影节最佳剧本奖，绝对是一部高潮迭起的精彩佳作.

Doyle 是一个聪明的数学家，他认为可以通过混沌理论，特别是吸引子和不动点的研究导致全世界的股票交易的暴跌，这一研究使得坏银行家挣得十亿. 两个人物之间的爱恨关系是这部电影最精彩的部分.

有一情节不得不被提及，就是写在纸桌布上的一个数学证明（有一种便宜的餐厅，数学家们都爱去，就在这个地方可以将证明写在纸桌布上）. Doyle 强烈地感受到数学就是他的生命，而且为了使银行老板相信他的方法将起作用，他宣布说："这是数学，没有任何冒险！"

5.《城市广场》

最新的一部有关数学家的电影是 2009 年 10 月西班牙拍的《城市广场》（如图 2−24），电影主角的原型是古希腊女数学家"西帕蒂亚".

《城市广场》的故事发生在公元 4 世纪的埃及. 瑞切尔·威兹扮演埃及杰出的女数学家、占星家、哲学家，亚历山大城的海巴夏（Hypatia of Alexandria），她致力于古代文明智慧的收集整理，却被当时逐渐兴起的基督教视为异教徒、眼中钉，最终被基督教暴民害死. 迈克斯·明格拉扮演海巴夏的奴隶达乌斯，他一方面爱着自己的女主人，另一方面也希望加入基督教换取自由. 然而这两者如水火一般不可交融，让他陷入深深的矛盾挣扎中.

图 2−24

涉及数学知识、定律的国外电影，还包括由西蒙丝执导的《费

数学与现代生活

尔马大定理》,由丹·布郎小说改编的《达·芬奇密码》,还有如《爱因斯坦与爱丁顿》和《博士的爱情方程式》等.

6.《模仿游戏》)(如图 2-25)

二战期间,盟军苦于德国的秘密系统"英格玛"无法破译,政府召集了一批民间数学家、逻辑学家进行秘密破解工作,图灵(本尼迪克特·康伯巴奇 Benedict Cumberbatch 饰)就是其中之一。计划刚开始,图灵遭到了以休(马修·古迪 Matthew Goode 饰)为首的组员和领导的排斥,幸好军情处部长孟席斯(马克·斯特朗 Mark Strong 饰)帮助他立项研究破译密码的机器,而图灵则变成了负责人,他招收新的成员琼(凯拉·奈特莉 Keira Knightley 饰)后开始了艰苦的工作。琼很快就迷上了图灵,由于她的帮助再加上所有组员空前的团结,他们两年后成功破解德军的密码。图灵一度与琼订婚,但实际上他隐瞒了一个秘密,因为这个秘密他也遭受了非人的待遇⋯⋯

图 2-25

本片改编自安德鲁·霍奇斯编著的《艾伦·图灵传》,上映后获得了第 87 届奥斯卡最佳改编剧本奖。

7.《知无涯者》(如图 2-26)

图 2-26

印度数学奇才斯里尼瓦瑟·拉马努金(戴夫·帕特尔 Dev Patel 饰),生活在不平等的时代,作为一个默默无闻的贫苦印度少年,他离开家乡独自前往英国剑桥求学,经历了战争的动荡,受到英国著名数学教授哈代(杰瑞米·艾恩斯 Jeremy Irons 饰)的赏识,两人亦师亦友地互相扶持,在数学领域取得了卓越的成果。

影片由美国作家罗伯特·卡尼盖尔所著同名传记小说改编。

8.《博士的爱情方程式》

《博士的爱情方程式》(如图 2-27)根据日本女作家小川洋子的同名小说改编而成. 电影明的线索就是我的母亲与我和博士发生的故事,暗的线索就是博士爱情算式的由来. 故事是这样的:这是一次交通意外,令天才的数学博士只剩下 80 分钟的记忆,时间一到,所有回忆自动归零,重新开始. 遇上语塞的时候,他总会以数字代替语言,以独特的风格和别人交流. 他身上到处都是用夹子夹着的纸条,用来填补那只有 80 分钟的记忆. 这次,新来的管家杏子带着 10 岁的儿子照顾博士的起居,对杏子来说,每天也是和博士的新开始.

图 2-27

故事中,博士的生活充满了有趣的数字,比如,根号、质数、4 阶乘、欧拉公式……而这些数字总是能巧妙地推进故事的发展,每一幕关于数学的内容总会有另一幕对应的情节,这个情节就是小孩子成为老师后对教授的亲切回忆. 故事中,他倾尽全力教孩子们打棒球,因为在孩子们的比赛中尽全力呐喊而得了重感冒.

虽然他只有 80 分钟的记忆,虽然他喜爱的明星已经因为老去而退役,但他的友善、他对儿童的关爱、对棒球的喜爱却一直未变. 博士已经老去,记忆也总是归零,但他对数学的挚爱、对事物的纯真、对孩童的友善却恒久不变,这是一个温馨的故事.

三、数学与电视剧

1.《华罗庚》

1997 年 1 月,以我国中科院院士、世界级数学大师华罗庚的生平拍摄的纪实性 8 集连续剧,由江苏省委宣传部、金坛市委市政府、江苏电视台联合摄制完成,如图 2-28 所示.

全剧通过华罗庚从十七岁辍学在家到七十五岁倒在东京大学国际讲坛上的传奇一生,生动描写了华老从一个小店员到国际知名数学大师的人生轨迹.

华罗庚(1910~1985),数学大师,江苏太湖西北金坛县人,他为中国数学的发展作出了无与伦比的贡献,他在解析数论方面的成就尤其广为人知,国际间颇具盛名的"中国解析数论学派"即华罗庚开创的学派,该学派对于质数分布问题与哥德巴赫

图 2-28

猜想作出了许多重大贡献.他在多元复变数函数论方面的卓越贡献,更是影响到了世界数学的发展.

华老是中国"解析数论、矩阵几何学、典型群、自安函数论"等多方面研究的创始人和开拓者.在国际上以华氏命名的数学科研成果就有"华氏定理"、"怀依-华不等式"、"华氏不等式"、"嘉当-布饶尔-华定理"、"华氏算子"、"华-王方法"等.华罗庚一生为我们留下了十部专著:《堆垒素数论》、《指数和的估价及其在数论中的应用》、《多复变函数论中的典型域的调和分析》、《数论导引》、《典型群》(与万哲先合著)、《从单位圆谈起》、《数论在近似分析中的应用》(与王元合著)、《二阶两个自变数两个未知函数的常系数线性偏微分方程组》(与他人合著)、《优选学》及《计划经济范围最优化的数学理论》,其中八部为国外翻译出版,已列入20世纪数学的经典著作之列.

此外,华老还发表了150余篇学术论文,科普作品《优选法评话及其补充》、《统筹法评话及补充》等辑为《华罗庚科普著作选集》.在代数方面,他证明了历史长久遗留的一维射影几何的基本定理;给出了体的正规子体一定包含在它的中心之中这个结果的一个简单而直接的证明,被称为嘉当-布饶尔-华定理.其专著《堆垒素数论》系统地总结、发展与改进了哈代与李特尔伍德圆法、维诺格拉多夫三角和估计方法,发表40余年来其主要结果仍居世界领先地位,先后被译为俄文、匈文、日文、德文、英文出版,成为20世纪经典数论著作之一.其专著《多复变函数论中的典型域的调和分析》以精密的分析和矩阵技巧,结合群表示论,具体给出了典型域的完整正交系,从而给出了柯西与泊松核的表达式.这项工作在调和分析、复分析、微分方程等研究中有着广泛深入的影响,曾获中国自然科学奖一等奖.华老倡导应用数学与计算机的研制,在发展数学教育和科学普及方面作出了重要贡献.

2.《陈景润》

为向2002年8月在北京召开的第24届国际数学家大会献礼,中央电视台于2002年4月中旬拍摄完成了14集电视剧《陈景润》,如图2-29所示.

在数学明珠——哥德巴赫猜想的研究方面取得卓越成果的陈景润(1933~1996),是中国现代数学家,1933年5月22日生于福建省福州市.自幼喜爱数学的陈景润,有幸得到著名教授沈元的启发,开始了一生追求哥德巴赫猜想的历程.随着新中国的诞生,陈景润成为厦门大学数理系的一名大学生.尽管要忍受生活中种种艰难的困扰,但是陈景润慢慢形成了自己独特的性格和事业追求的精神基石,并作为高材生被分配到北京的一所中学当老师,北京的天气也让这位南方体弱多病的小伙子病倒了.在中学教书的这段日子里,陈景润发生了不少和学生的尴尬趣事,他的特长并不是教别人,而是在自己的

图2-29

美丽而灿烂的数学世界里耕耘. 最后因身体和不适合教学, 他病退回家. 由于他对塔里问题的一个结果作了改进, 受到华罗庚的重视, 被调到中国科学院数学研究所工作, 先任实习研究员、助理研究员, 再越级提升为研究员, 并当选为中国科学院数学物理学部委员. 陈景润是世界著名解析数论学家之一, 他在 50 年代即对高斯圆内格点问题、球内格点问题、塔里问题与华林问题的以往结果作出了重要改进. 60 年代后, 他又对筛法及其有关重要问题进行广泛深入的研究. 1966 年屈居于六平方米小屋的陈景润, 借一盏昏暗的煤油灯, 伏在床板上, 用一支笔, 耗去了几麻袋的草稿纸, 居然攻克了世界著名数学难题"哥德巴赫猜想"中的 (1+2), 创造了距摘取这颗数论皇冠上的明珠 (1+1) 只有一步之遥的辉煌. 他证明了"每个大偶数都是一个素数及一个不超过两个素数的乘积之和", 使他在哥德巴赫猜想的研究上居世界领先地位. 国际上将这一结果誉为"陈氏定理", 受到广泛征引. 这项工作还使他与王元、潘承洞在 1978 年共同获得中国自然科学奖一等奖. 他在研究哥德巴赫猜想和其他数论问题方面的成就, 至今仍然在世界上遥遥领先.

陈景润除攻克这一难题外, 又对组合数学与现代经济管理、尖端技术和人类的密切关系等方面进行了深入的研究和探讨. 他先后在国内外报刊上发表了科学论文 70 余篇, 并有《数学趣味谈》、《组合数学》等著作.

世界级的数学大师、美国学者阿·威尔 (A. Weil) 曾这样称赞他: "陈景润的每一项工作, 都好像是在喜马拉雅山山巅上行走." 陈景润于 1978 年和 1982 年两次收到国际数学家大会请他作 45 分钟报告的邀请, 这是中国人的自豪和骄傲. 他所取得的成绩, 他所赢得的殊荣, 为千千万万的知识分子树起了一面不倒的旗帜, 辉映三山五岳, 召唤着亿万的青少年奋发向前.

1981 年陈景润当选为中科院学部委员, 1984 年 4 月 27 日他在横过马路时, 不幸被一辆急驶而来的自行车撞倒, 后脑着地诱发帕金森氏综合症. 1996 年 3 月他因病住院, 经抢救无效逝世, 享年 62 岁.

实践与思考

1. 实验: 一根皮筋, 捏住黄金分割点, 拨长段, 就发出 1 音; 然后把长段再黄金分割, 捏住黄金分割点, 拨长段, 就发出 2 音……

2. 找找你身上、身边景物的黄金比, 写成一篇小文章.

3. 观看电影《美丽心灵》、《心灵捕手》、《城市广场》, 选其中一部最感动你的影片写一篇评论文章.

4. 观看电视连续剧《华罗庚》、《陈景润》, 对照自己, 谈谈你能成为或不能成为数学家的几点理由.

5. 你最喜欢数学与文化生活的哪个主题? 并结合实例, 谈谈你对数学文化价值的理解.

任何数学分支,无论怎样抽象,总有一天可被应用于现实世界的各种现象.

——尼古拉·罗巴切夫斯基

对自然界的深刻研究是数学发现的最丰富的来源.

——约瑟夫·傅里叶

第一节　自然界中的数学

面对奇迹缤纷的自然界,你有没有想过蜜蜂在建造蜂房时为什么会选择六角棱柱? 蜘蛛网为什么结了"八卦"网? 树枝以及花瓣的生长规律为什么会那么有序又富有美感? 飘舞洒落的雪花中又蕴含着怎样的机密呢? ……如果我们从数学角度来看自然界的景物,发现它们都选择了最适合自己的,也最有效的存在方式,这不由得使人感觉自然似乎懂得数学,令我们人类敬畏!

一、蜜蜂——世界上工作效率最高的建筑者

亚历山大的帕帕斯曾说过:"蜜蜂们依靠某种几何学上的预见知道六边形大于正方形和三角形,可以用同样的材料储存更多的蜜."

蜂窝(如图 3-1)是一座十分精密的建筑工程,切开蜂巢的话,你会发现它是由许多底面呈正六边形的棱柱叠加而成. 在所有的正多边形中,能在平面衔接最紧密的也只有正三角形、正四边形和正六边形,为了建造蜂巢,蜜蜂为什么选择了正六边形呢?

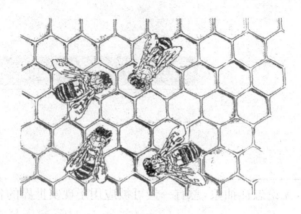

图 3 - 1

蜜蜂没有学过有关的几何知识,但它们所建筑的蜂房结构却符合了极大极小的数学原则. 对于正方形、正三角形和正六边形来说,如果面积都相等,那么正六边形的周长最小. 这意味着蜜蜂选择建筑六角柱巢室,比建正方形或正三角形为底的棱柱巢室,可用较少的蜂蜡和做较少的工作围出尽可能大的空间,从而储存更多的蜜.

现在我们来证明:面积一定的正三角形、正方形和正六边形中,以正六边形的周长为最小.

证明 设给定面积为 S. 面积为 S 的正三角形、正方形、正六边形的边长分别为 a_3, a_4, a_6,则

$$S = \frac{\sqrt{3}}{4}a_3^2 = a_4^2 = \frac{3\sqrt{3}}{2}a_6^2,$$

所以 $a_3 = 2\sqrt{\dfrac{S}{\sqrt{3}}}$,正三角形周长 $C_3 = 6\sqrt{\dfrac{S}{\sqrt{3}}} = 2\sqrt[4]{27} \cdot \sqrt{S}$;

$a_4 = \sqrt{S}$,正方形周长 $C_4 = 4\sqrt{S}$;

$a_6 = \sqrt{\dfrac{2S}{3\sqrt{3}}} = \dfrac{\sqrt{6S}}{3\sqrt[4]{3}}$,正六边形周长 $C_6 = 2\sqrt[4]{12} \cdot \sqrt{S}$.

因为 $2\sqrt[4]{12} < 4 < 2\sqrt[4]{27}$,所以 $C_6 < C_4 < C_3$,即正六边形周长为最小.

二、花瓣、叶子、树枝——斐波那契数列

伟大的自然哺育了神奇的万物,所有的生命都有它们独特的生存方式. 因此,在我们身边就形成了很多奇妙的数学规律. 比如在自然界中很多现象就与斐波那契数有关.

科学家发现,植物的花瓣、萼片,果实的数目以及其他方面的特征,都与著名的斐波那

契数列非常吻合,即:1,2,3,5,8,13,21,34,55,89,….其中,从3开始,后面每一个数字都是前两项之和.例如马蹄莲(如图3-2)有1片花瓣,大戟属植物有2片,百合花(如图3-3)、鸢尾花、茉莉花与蝴蝶花有3片,金凤花、马齿苋花(如图3-4)与山茶花有5片,翠雀花(如图3-5)、飞燕草、牡丹与大波斯菊有8片.还有拥有更多花瓣的花,金盏花、金莲花有13片,紫菀、菊苣有21片,车前草有34片,大多数雏菊有55片或89片.

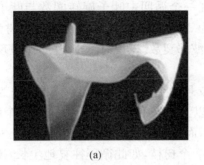 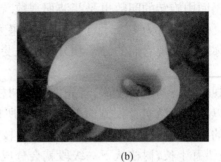

(a)   (b)

图3-2 马蹄莲

图3-3 百合花(看是 6片,实际是3枚)   图3-4 马齿苋花   图3-5 翠雀花

    那么为什么很多花的花瓣数正好符合斐波那契数列呢？活的生物的有些形态特征植根于基因,有些特征则是生物生长过程中物理学、化学和动力学因素作用的结果.区分它们的一个办法是基因影响具有巨大的灵活性,但物理学、化学和动力学则具有数学规律.本章的关键问题是:假如遗传学能给花选择它所喜欢的任意数目的花瓣,或者给松果选择它所喜欢的任意数目的鳞苞,为什么我们能观察到这么多的斐波那契数？答案或许在于,这个数字是通过某种数学机制而不是通过任意的遗传指令产生的.此种机制很有可能是植物发育过程中的某种动态限制,它自然而然地导致斐波那契数.因此,在花儿盛开之前,花瓣要

形成花蕾来保护内部的雌蕊和雄蕊. 此时, 花瓣相互叠加用最佳的形状裹住雌蕊和雄蕊, 这就需要那么多的花瓣.

　　在植物的叶、枝、茎等排列中还可以发现斐波那契数. 例如, 在树木的枝干上选一片叶子, 记其为数 0, 然后依序点数叶子 (假定没有折损), 直到到达与那些叶子正对的位置, 则其间的叶子数多半是斐波那契数. 叶子从一个位置到达下一个正对的位置称为一个循回. 叶子在一个循回中旋转的圈数也是斐波那契数. 在一个循回中叶子旋转圈数与叶子数的比称为叶序比. 例如, 草莓为 1/3, 竹子为 2/3, 苹果为 3/5, 柳树为 3/8, 阔柳树和杏树为 5/13, 从这些数据你可以发现它们的分子和分母都是斐波那契数. 据说有 90% 叶序比呈现为斐波那契数的比.

　　细心观察树枝的生长规律, 首先由一个树枝开始生长, 后分成 2 个数枝. 因为这两个树枝在养分以及生长激素吸收方面并不均衡, 所以其中会有一个生长得比另一个旺盛. 其中生长旺盛的一边的树枝迅速生长分为 2 个树枝, 而另一边生长缓慢的树枝还是一个树枝. 一般地, 树枝错开生长, 树枝从下一级段就会分成 2 个树枝, 如此循环往复地生长, 树枝的数量就会按斐波那契数列的规律来生长, 如图 3-6 所示.

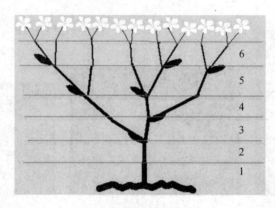

图 3-6

　　植物的枝叶生长规律之所以会遵循斐波那契数列, 是因为能使其保证下面的枝叶不受上面枝叶的遮挡, 充分地吸收阳光而健康地成长.

　　除此之外, 我们还可以从向日葵种子 (如图 3-7) 和松果的排列顺序以及菠萝表面的菱形鳞片的排列顺序 (如图 3-8) 发现斐波那契数列的存在. 我们不难发现, 植物的花、叶、枝、种子都显示了对数字的偏好. 植物所显示的数学特征是植物在生长的动态过程中产生的必然结果. 这样的布局能使植物的生长疏密得当, 最充分地利用阳光和空气, 所以很多植物都在亿万年的进化过程中演变成了如今的模样. 当然受气候或病虫害的影响, 真实的植物往往没有完美的斐波那契数字或螺旋, 这是植物在大自然的生长过程中长期适应和进化的结果.

图 3-7   图 3-8

三、蜘蛛网、向日葵、鹦鹉螺——无处不在的螺旋线

1. 对数螺线与蜘蛛网

曾看过这样一则谜语:"小小诸葛亮,稳坐军中帐.摆下八卦阵,只等飞来将."动一动脑筋,这说的是什么呢?原来是蜘蛛,后两句讲的正是蜘蛛结网捕虫的生动情形.我们知道,蜘蛛网既是它栖息的地方,也是它赖以谋生的工具,而且结网是它的本能,并不需要学习.

现在让我们好好观察一下这个小精灵的杰作(如图 3-9～图 3-11):从外圈走向中心的那根螺旋线,越接近中心,每周间的距离越密,直到中断.只有中心部分的辅助线一圈密似一圈,向中心绕去.如果我们从数学的角度来解释蜘蛛网构造的话,看似是普通的网状型,其实它乃是神奇的对数螺线.因为对数螺线乃一根无止境的螺线,它永远向着极绕,越绕越靠近极,但又永远不能到达极.据说,使用最精密的仪器也看不到一根完全的对数螺线,这种图形只存在科学家的假想中.

图 3-9   图 3-10   图 3-11

对数螺线又叫等角螺线,因为曲线上任意一点和中心的连线与曲线上这点的切线所形成的角是一个定角.大家可别小看了对数螺线:在工业生产中,把抽水机的涡轮叶片的曲面做成对数螺线的形状,抽水就均匀;在农业生产中,把轧刀的刀口弯曲成对数螺线的形状,它就会按特定的角度来切割草料,又快又好.

2. 向日葵中的螺旋线

螺旋结构在植物的身上也很丰富,比如我们常见的向日葵花盘(如图3-12),你会发现两组螺旋线,一组顺时针方向盘绕,一组逆时针方向盘绕,并且彼此镶嵌.

图 3-12

不同品种的向日葵种子的排列的逆、顺顺序和螺旋线的数量有所不同,但通常向日葵的两条螺旋线数是一个斐波那契数列中的两个相邻的数. 比如,在一个向日葵花盘中如果顺时针方向盘绕的螺旋线的线数是 21,那么逆时针方向盘绕的螺旋线数是 34. 同理,如果一个螺旋线数是 34,那么另一个螺旋线数是 55. 一般情况下螺旋线数不会少于 21 和 34,也不会超过 89 和 144 这两组数字.

据说,向日葵选择这种螺旋线型排列的目的是在小空间内紧凑地排列更多的籽粒,使其能够抵御风雨等恶劣条件.

3. 鹦鹉螺——等角螺线

海洋是生命的摇篮,在大海中与在陆地上一样,生命的形式成为数学思想的一种财富.例如,6 500 万年以前和恐龙一起灭绝的海洋生物菊石螺(如图3-13)的螺线就属于阿基米德螺旋(如图3-14).人们现在还能够在贝壳的外壳中看到许多类型的螺线.例如,在有小室的鹦鹉螺(如图3-15)或蜗牛的外壳中就能发现等角螺线(如图3-16).

图 3 - 13 　菊石螺化石

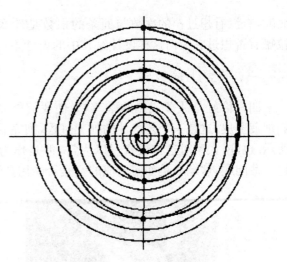

图 3 - 14 　阿基米德螺旋

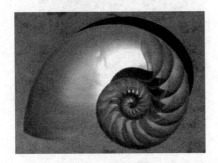

图 3 - 15 　鹦鹉螺

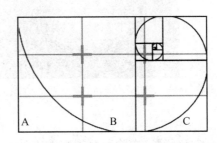

图 3 - 16 　等角螺线

地球上最壮观的螺旋是最不受人欢迎的螺旋——飓风.飓风典型的螺旋形状可以蔓延数百英里,再加上 140 英里的时速,其毁灭力相当于 10 万颗原子弹.在浩瀚的宇宙范围内有大约 80% 的星系大都是螺旋形的.早在维多利亚时代,天文学家就发现,水星的整个轨道围绕太阳运动,大约每 300 年就形成一个巨大的螺旋.显然,无所不在的引力起到了关键的作用,但到底它怎样把绚烂的星系雕刻成美妙的螺旋形呢? 这仍旧是个谜.

第二节　日常生活中的数学

生活中你只要处处留意,就会发现你时不时地用到了数学的知识、方法和思维,只不过有时太普遍、太常用,就显得"熟视无睹"罢了.例如,每天算账用到算术;一天所有事情做出一个合理安排,走路、散步如何选择最短路径,则用到数学中的最优化思维.还有日常拉拉面时,有没有想过拉的次数与面条的根数是什么函数关系? 喝饮料时,拿着不同形状的易拉罐有否想过它为何这样设计? 其中的奥妙不可谓不多.

一、菠萝上的数学

四月恰好是菠萝成熟的季节,为使我们能品尝到新鲜的菠萝,水果店都有专人帮助我们削菠萝皮,这是一个艺术性的加工过程,削完后,菠萝上留下的是一条条螺线,如图 3-17 所示.也许,大家对这种现象习以为常,但是作为数学爱好者或者数学老师,你可以深入探讨一些问题:这螺线是如何形成的? 是否能用数学工具加以解释?

(a)

(b)

图 3-17

【数学解释】 去除菠萝黑籽的方法有许多种,有些人一粒一粒地挖,有些人从菠萝上部削到下部,有些人一圈一圈地削,也有些人采取的是斜着削,削成螺旋形.那么,削成螺旋形仅仅是为了省力和美观吗? 我们很容易观察出菠萝籽的排列:交错排列,也很容易想到横向与纵向两种及其他的菠萝削法,现在要做的是将斜向削法与横向、纵向进行比较,分析损失的果肉量在数学上的涵义.

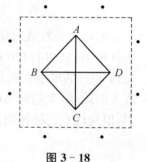

图 3-18

菠萝的形状是圆柱体,再将圆柱体展开为平面图形——矩形,菠萝籽的排列如图 3-18 所示.

从图 3-18 可以看到熟悉的数学内容.这时"从局部到整体,从特殊到一般"的数学思想方法有了用武之地.然后提出数学问题:为什么斜向的距离最短,即 AB,AC,BD 中,AB 最短?

因为,四边形 $ABCD$ 可看做一个菱形(从一般回到特殊),比较菱形的边长与对角线的长短,再进一步将其特殊化为正方形即知,直角边 AB 边必小于斜边 AC,BD.

数学与现代生活

由于 AB,AC,BD 三条线段的长短分别代表三种削法损失的果肉,于是斜向削(AB)所损失的果肉最少.

二、饮食计划的制订

当今社会越来越提倡健康饮食,合理摄入各种人体所需的营养.而一种特殊人群——运动员们的饮食则有着更为严格的要求和计划,塔妮娅·史密斯十分注重锻炼,她每天都去健身房,并且非常严格地控制着她的饮食.对她来说,每个月摄取适量的矿物质和维生素以保持舒适和健康是最重要的事情.她的教练建议未来的奥运会冠军们每个月至少应当摄入 120 毫克的维生素和 880 毫克的矿物质.为了确保塔妮娅遵循这个指示,她的食物应该主要包括两部分.第一部分是固体形式的食物,我们将其称为"Solido",而另一部分是液体形式的食物,我们将其称为"Liquex".她的问题是要决定每个月这两种食物分别需要购买多少,才能达到教练的要求.

当塔妮娅前往超市购买这两种物品时,在一包 Solido 食物的背面,她发现该食物包含 2 毫克的维生素和 10 毫克的矿物质,而另一盒 Liquex 食物则包含 3 毫克的维生素和 50 毫克的矿物质.于是,她在购物车中放入了 30 包 Solido 食物和 5 盒 Liquex 食物,作为该月的食物.在结账之前,她得知道这些食物是否已经达到了教练的要求,30 包 Solido 食物总共含有 $30 \times 2 = 60$ 毫克的维生素,5 盒 Liquex 食物总共含有 $5 \times 3 = 15$ 毫克的维生素,因此,食物中总共含有 75 毫克的维生素,用相同的计算方式可以算出矿物质的总量为 550 毫克.教练的要求是至少 120 毫克维生素和 880 毫克的矿物质,因此,塔妮娅需要在购物车中放入更多的食物,她现在面临的问题是,如何分配 Solido 食物和 Liquex 食物的购买量,使得维生素和矿物质含量正好达到教练的要求,她重新回到超市的保健食品区,增加了这两种食物的购买量,她现在有 40 包 Solido 食物和 15 盒 Liquex 食物,现在维生素的含量是 125 毫克,矿物质的含量是 1 150 毫克,肯定达到了教练的要求,甚至超过了他要求的量.

对塔妮娅来说,两种食物的组合(40,15)可以达到教练的要求,我们将其称为一个可能组合,或称"**可行解**",我们已经知道(30,5)不是一个可行解,所以这两种食物的所有组合方式可以分为两部分——满足要求的可行解和不满足要求的非可行解.

塔妮娅还有很多其他的选择,比如她可以在购物车中仅仅放入 Solido 食物,如果她真的这样做的话,可能至少需要买 88 包,组合(88,0)满足要求.如果需要购买 Liquex 食物,那她至少需要购买 40 盒,组合(0,40)满足要求.

现在我们要把开销考虑进来,这两种食物的单价都是 5 英镑,对于以上找到的几个可行解(40,15),(88,0)和(0,40),其支付总额分别为 275 英镑,440 英镑以及 200 英镑,因此,到目前为止,最好的方案是只购买 40 盒 Liquex 食物,这个方案是所有满足要求的方案中开销最少的一个,但是,这些方案中的维生素和矿物质不是恰好满足要求,是否有一种可能的组合,在满足教练要求的情况下开销最少? 这就是数学中的线性规划问题,我们要求得到问题的"**最优解**".

如图 3 - 19 所示,直线 AD 表示的是恰好包含 120 毫克维生素的 Solido 和 Liquex 食物组合,而直线 EC 表示的是恰好包含 880 毫克矿物质的 Solido 和 Liquex 食物组合.这两条线上方的区域是可行区域,它表示塔妮娅所有可以购买的组合方式.我们要计算出图中两条直线的交点处的食物开销.在 B 点处的可行解组合为(48,8),如果她购买 48 包 Solido 食物和 8 盒 Liquex 食物的话,那么她的饮食要求恰好可以被满足,其花费总额为 280 英镑.

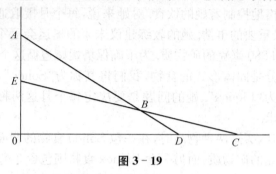

图 3 - 19

三、合理安排

在日常生活中,我们常会碰到很多问题:早上起来有很多事情要做,但时间不够用;有客人拜访,就要烧水、沏茶,烙好吃的麦饼;到医院打针要排队等候;等等.那么,在有限的时间内和有限的条件下,怎么安排才能提高效率?

面对实际问题,我们应主动尝试着从数学的角度运用所学知识和方法寻找解决问题的优化策略.

例 3 - 1   小丽今年上四年级了,她每天早上起床后依次做以下几件事(括号里的是完成这件事所需要的时间):穿衣(3 分钟)、整理床铺(2 分钟)、洗脸梳头(8 分钟)、吃早饭(10 分钟)、听英语(20 分钟),然后上学去.这天她与平时一样,按时起床,穿好衣服,她忽然想起今天轮到她做值日,必须比平时早到 20 分钟,大家能帮小丽想个好办法,让小丽既能完成原先要做的事,又能及时到校做值日吗?

答   最合理的方案:在整理床铺、洗脸梳头、吃早饭的时候同时听英语,这样就可以省下 20 分钟了.

例 3 - 2   妈妈让小明给客人烧水沏茶,洗水壶要用 1 分钟,烧开水要用 15 分钟,洗茶壶需要 1 分钟,洗茶杯用 1 分钟,拿茶叶要 2 分钟,为了使客人早点喝上茶,请你安排,最短多少分钟就能够沏茶了?

答   烧开水的 15 分钟时间里,可以同时做洗茶壶、茶杯和拿茶叶的事情,这样只需:1＋15＝16(分钟).

例 3 - 3 烧一道"香葱炒蛋",需要七道工序,每道工序需要的时间如下:敲蛋 1 分钟,洗葱切葱 2 分钟,打蛋 3 分钟,洗锅 2 分钟,烧热锅 2 分钟,烧热油 4 分钟,炒 4 分钟,你认为烧好这道菜所需的最短时间为多少?

答 烧热锅的同时洗葱切葱,烧热油的同时敲蛋、打蛋.因此,需要的时间是:2＋2＋4＋4＝12(分钟).

例 3 - 4 用一只平底锅煎饼,每一次只能放两只饼,煎一只需要 6 分钟(正反面各需 3 分钟).现在需要煎 3 个饼,问最少需要几分钟?

答 最少需要 9 分钟,可以先放 2 个饼,煎好一面后,拿出其中一个,把第三个饼放进去,等一个全煎好后,把原先拿出的一个放进去同时煎,这样只要用 3＋3＋3＝9(分钟)即可.

进一步思考:小燕家的平底锅每次可以同时炸 4 个面饼,炸好一面需要 2 分钟.小燕炸 6 个面饼,总共只用了 6 分钟,她是怎样炸饼的?

要注意的是:生活经验对数学学习有较好的帮助,但有时也有副作用.例如,在交流"三个饼如何烙,能尽快吃上饼"时,可能有人会说:其中一个饼烙了一面后拿下,过了 3 分钟就要冷了,再烙另一面 3 分钟就不够了.实际情况是这样的,但若把它当成一个数学模型来研究时,这一些就忽略不计了,这就是数学与生活的区别.

下面来看一个比尔·盖茨的问题:

(1) 有 81 个玻璃球,已知有一个球比其他的球稍重,如果只能用天平来测量,至少要称多少次才能保证找出来呢?

(2) 如果不知道次品玻璃球与标准球的轻重,同样只用天平来测量,至少要称多少次才能保证找出次品玻璃球来?

怎样用天平来测量次品? 就是要用天平称量时的"平衡"与"不平衡"来判断研究对象的情况."平衡"判明没次品,"不平衡"判明次品就在这里.本题要求最少的称量次数,显然还要找出一个解决问题的最优策略,也就是要让天平每称量一次,能判断的研究对象个数最多,最终达到称量次数最少的目的.实际操作起来就是怎样对研究对象进行分组,分成多少组的问题.

怎样分组? 有平均分(对于不能平均分的数量,让数量多的组多 1 个,少的组少 1 个)、任意分两种分法.比较起来只有平均分才能让"平衡"与"不平衡"说明研究对象的情况(任意分时,天平两边数量不等,"平衡"已不可能,"不平衡"也不能判断出问题),所以选择平均分法.

分成多少组? 有分成 2 组、3 组、4 组、5 组等多种分法.因为天平有两个托盘,每称量一次能放上两组研究对象,最多能判断出 3 组的情况(既能判断出天平上两组的情况,还能判断出天平外一组的情况.若平衡,次品就在盘外那组中;若不平衡,盘外那组中就无次品),所以只有分成 2 组或 3 组才能使天平每称量一次包括研究对象的全部,其他组数达不到这个要求,因而舍弃.再比较 2 组分法、3 组分法的优劣:把 2 组分法、3 组分法上次称量判断出的问题组对象再分别 2 等分之、3 等分之,可以得出下次称量时天平每边的对象数量,3 组分法的远比 2 组分法的少.继续称量下去,显然,3 组分法的称量次数要少,更符合最优策略.综合起来,就是选择平均分成 3 组的分法.

用天平称量的方法找次品有什么规律?

因为采用的是 3 等分法,则每次称量都是把上次找出的问题组对象 3 等分之进行研究,且最后一次找出次品时,天平两边各只有 1 个研究对象,所以从天平两边各放 1 个研究对象开始逆推找规律,见表 3-1 所示.

表 3-1　天平称量法找次品统计表

次数	最多判断出研究对象的个数
1	$3=3^1(1,1,1)$
2	$9=3^2(3,3,3)(1,1,1)$
3	$27=3^3(9,9,9)(3,3,3)(1,1,1)$
4	$81=3^4(27,27,27)(9,9,9)(3,3,3)(1,1,1)$

一般地,用天平称量 n 次,能判断出研究对象的最多个数 $Y=3^n$.

上面研究的都是"最多"数量的情况,不满足"最多"条件的数量情况如何呢? 比如 4,12 情况怎样?

先研究 4:因为天平称量 1 次最多只能判断出 3 个,所以要再称量 1 次,一共 2 次才能有保证.[平衡 2 次:$(2,1,1)→(1,1)$.不平衡 1 次:$(2,1,1)$.]

再研究 12:天平称量 2 次最多能判断出 9 个,所以也要再称 1 次,一共是 3 次才能有保证.[平衡 3 次:$(4,4,4)→(2,1,1)→(1,1)$.不平衡 2 次:$(4,4,4)→(2,1,1)$.]

一般地,用天平称量法找次品,当研究对象的个数 Y 满足关系式 $3^{n-1}<Y\leqslant 3^n$ 时,最少要称量 n 次才能保证找出次品.

现在回头解答比尔·盖茨与 81 个玻璃球的问题.

问题(1)比尔·盖茨的问题:这儿有 81 个玻璃球,其中有一个球比其他的球稍重,如果只能用天平来测量,至少要称多少次才能保证找出来呢?

因为 $81=3^4$,所以最少要称 4 次才能保证找出次品.

问题(2)如果不知道次品玻璃球与标准球的轻重,同样只用天平来测量,至少要称多少次才能保证找出次品玻璃球来?

先测出次品玻璃球是重了还是轻了:

分组　$81÷3=27$　　　$(27,27,27)$

第 1 次——任取两组过天平,有"平衡"与"不平衡"两种情况.

研究"平衡"情况:既是"平衡",就判断出次品在天平外那组中.

第2次——任取已过天平一组与天平外那组同称,肯定不平衡.若原天平外那一组重些,就判断出次品比标准球重,否则,次品就是比标准球轻.

研究"不平衡"情况:既是"不平衡",就判断出次品已在天平中,天平外那组是标准球.

第2次——取较重的一组与天平外那组同称,有"平衡"、"不平衡"两种可能.若"平衡"就判断出次品球比标准球轻,若"不平衡"就判断出次品球比标准球重.

综合以上研究得出:最少称2次才能知道次品球在哪组,也才能知道次品球比标准球是重些还是轻些.此时,次品所在组有球27个.因为$27=3^3$,所以最少再称3次才能保证找出次品球来,一共是:$2+3=5$(次).

在日常生活中,解决问题的方法是不难找到的,而且会找到几种不同的策略,但是要找到最优的策略就难了,需要逻辑思辨,最终形成从多种方案中寻找最优方案的意识,提高解决问题的能力.

第三节　编码中的数学

我们的生活中有许许多多的号码,这些号码虽然由简单的数字、字母组成,但代表着各种有用的信息,给我们的生活带来了很大的方便,如图3－20～图3－22所示.

图3－20

图 3 - 21

图 3 - 22

到底编码有什么作用？里面有哪些"秘密"呢？这些号码是怎样来编排的？编排的时候要遵循什么规律？各个数字代表什么意思？……这些问题便会接踵而来.

譬如,邮政编码是全国统一的,都是六位数,不同的数字代表不同的地方.其中邮政编码的前两位表示省、自治区、直辖市,第三位代表邮区代号,第四位表示县(市)的编号,最后两位代表邮件投递局.

我们居民的18位身份号码、超市货物上的条形码,也是编码.只有你知道了它的编码方式与规律,才能"破译"它背后代表的真正意思.现代的很多密码编制都是与数学有关的.

一、条形码的编制

目前,国际市场上,已经有很多国家和地区普遍在商品包装上使用条形码标签.在这些国家和地区的超级市场条形码(Product Code)是一种产品代码,如图 3-23 所示,由一组宽窄且间隔不等的平行线条及相应的数字组成,中间有两条窄条纹向下伸出少许,将条形码分成左右两部分.它可以表示商品的许多信息,超市收银员通过光电扫描将其输入电脑,从而判断出某件商品的生产国、制造厂、品名规格、价格等一系列产品信息,可以大大提高商品管理效率.

(a)   (b)

图 3-23

一般,条形码有两种编码方式:

(1) UPC 条形码. UPC 条形码是由美国和加拿大共同组织的"统一编码委员会"(Universal Code Council,UCC)选定,以 IBM 公司提出的 Dalta-Distance 为基础而通过的. UPC 码(Uniform Product Code)作为美、加产品统一的标识符号.

(2) EAN 条形码. EAN 条形码是欧共体的"欧洲物品编码协会"(European Article Numbering Association,EAN)吸取了 UPC 的经验而确立的物品标识符号.该协会于 1977 年改名为"国际物品编码协会"(International Article Numbering Association).迄今为止,使用 EAN 条形码的该协会成员国已有数十个,除欧洲外,亚洲许多国家也使用此码,我国于 1991 年 7 月参加该协会.由于国际上存在这两种编码系统,因此,我国产品销往美国、加拿大应使用 UPC 码,而出口到其他国家和地区则需使用 EAN 码.

(3) 两种条形码的构成. UPC 和 EAN 两种条形码虽同属一个类型,但由于 EAN 码是在 UPC 码基础上形成的,而且有所发展和创新,所以,在技术上 EAN 系统的光电阅读器可以阅读 UPC 系统的条码,而 UPC 系统的光电阅读器却不能阅读 EAN 码.这两种条形码的构成如下：

UPC 码的构成：由 11 位数字的通用产品代码和 1 位校验码组成.产品代码的第 1 位数字为编码系统字符,中间 5 位数字表示制造商号,后 5 位数字为产品代码.

EAN 码的构成：由 12 位数字的产品代码和 1 位校验码组成(如图 3-24).产品代码的前 3 位为国别码,中间 4 位数字为厂商代码,后 5 位数字为产品代码.EAN 码的国别码由 EAN 总部分配管理.我国的国别代码为 690,产品代码由制造商根据规定自己编制.

这两种条形码虽然只能表示 0 到 9 十个数字,但具有高度的查核能力,扫描操作简单可靠.

在条形码编制中,都是用数字对应文字,既有国际通用性,又有表达简洁性的特点.EAN 码用排列组合知识可以算出：共有 $10^3 \times 10^4 \times 10^5 = 10^{12}$ (种)排列方式,它足可以代表世界各地极其丰富的产品.

图 3-24

二、身份号码的编制

我国 18 位居民身份号码是如何构成的? 怎样才能快速并有意义地识记住?

请以四人小组为单位,将收集到的身份号码进行比较,找一找有什么相同点和不同点.

猜测一下身份证上的这些数字到底表示什么呢?

我国的 18 位身份证标准,是国家质量技术监督局于 1999 年 7 月 1 日实施的 GB 11643—1999《公民身份号码》中明确规定的,如图 3-25 所示.公民身份号码由 18 位 0~9 的数字构成,是一种特征组合码,由 17 位数字本体码和一位校验码组成.排列顺序从左至右依次为：6 位数字地址码,8 位数字出生日期码,3 位数字顺序码和 1 位数字校验码,如图 3-26所示.

姓名 刘亦婷

性别 女　　民族 汉

出生 1975年9月21日

住址 江西省景德镇市珠
　　 山区胜利路27号

编号 36020319750921 2025

图 3 - 25

图 3 - 26

（1）地址码（第1～6位）：表示编码对象常住户口所在县（市、旗、区）的行政区划代码，按 GB/T 2260 的规定执行. 1～6 位为地区代码，其中 1,2 位数为各省级政府的代码，3,4 位数为地、市级政府的代码，5,6 位数为县、区级政府代码. 如 33（浙江省）02（宁波市）04（海曙区）.

（2）出生日期码（第7～14位）：表示编码对象出生的年、月、日，按 GB/T 7408 的规定执行，年、月、日分别用 4 位、2 位、2 位数字表示，之间不用分隔符. 如 1966（年）03（月）18（日）.

（3）顺序码（第15～17位）：表示在同一地址码所标识的区域范围内，对同年、同月、同日出生的人编定的顺序号，顺序码的奇数分配给男性，偶数分配给女性. 如 644（女，第 322个），131（男，第 66 个）.

（4）校验码（第18位数）：作为尾号的校验码，是由号码编制单位按统一的公式计算出来的.

【校验码的计算方式】

第一步　对前 17 位数字本体码加权求和.

公式为：$S = \text{Sum}(A_i \times W_i), i = 1, \cdots, 17.$

其中 A_i 表示第 i 位上的身份号码数字值，W_i 表示第 i 位上的加权因子，其各位对应的值依次为：7 9 10 5 8 4 2 1 6 3 7 9 10 5 8 4 2

第二步　以 11 对计算结果取模.

$$Y = \text{mod}(S, 11).$$

第三步　根据模的值得到对应的校验码，对应关系见表 3－2 所示.

表 3－2　身份证校验码表

Y 值	0	1	2	3	4	5	6	7	8	9	10
校验码	1	0	X	9	8	7	6	5	4	3	2

X 是罗马数字的 10，用 X 来代替 10. 如果某人的尾号是 0～9，都不会出现 X，但如果尾号是 10，那么就得用 X 来代替，因为如果用 10 做尾号，那么此人的身份号码就变成了 19 位.

由上可见，编制身份号码就用到了算术数字、加权求和、求余数和一一对应的数学知识和方法. 编制身份号码的作用和意义如下所示，只要了解了编码规则，18 位身份号码只需记住最后四位数就可以了，不仅易记且不易忘.

编码 { 作用　　　　简洁、方便

　　　意义　　　　人与数字一一对应 —— 数字化

三、密码编写

密码这个名词大家早就听说过，但是只有近年来大家才普遍接触到密码. 譬如，银行存折上有密码，打开个人电脑、进入邮箱、登录 QQ、打开游戏软件都要输进去一个密码. 其实远古时代就有密码，而且是人人皆用的. 譬如一个原始人，捕获两只野兔，吃了一只，想把剩下的一只留待下次饿的时候再吃，于是就把野兔塞在某个岩缝里，并在岩石上画一个记号，这个记号就是密码.

时至今日，这种密码还在继续使用. 例如，班上每位同学都有一个皮球，平时，这些皮球放在一起. 大家玩的时候，担心与别人的球相混，于是，有的人在球上画了一个红三角，有的人在球上记了一个姓……这些记号就是一种密码. 上述这种密码都有一个共同特点：只供个人使用，只有自己懂，别人不懂.

据史料记载，公元 4 世纪，希腊出现了隐蔽书信内容的初级密码. 8 世纪古罗马教徒为了传播新教，创造了"圣经密码". 中世纪末期，西班牙的青年男女为了冲破封建制度对自由恋爱的束缚,采取种种秘密通讯方式,导致了各种原始密码的产生.1200年,罗马教皇政府和意大利世俗政府开始系统地使用密码术.在文艺复兴时期的欧洲,密码被广泛用于政治、军事和外交.到16世纪末期,多数国家设置了专职的密码秘书,重要文件都采用密码书写.

当社会发达之后,人与人的交往越来越密切了,交流的双方都要制定一个密码方案来进行通讯.无论何种加密传送,其基本模式都是一样的:把要传递的内容——"明文",按照"密钥"加密变成"密文";将密文按照正常方式发送出去;对方接收到密文后,按照密钥解密再还原成原来的明文.但是,为了不易被第三者破译,我们时常研究加密方法.

1. 加密方法之一——代换法

加密的方法是人为地产生的,因此也就各种各样.

"代换"或"置换",是自古以来普遍采用的加密思想.所谓"代换",就是用一种形式取代另外一种形式.这种方法早在罗马帝国时代就已经使用,当时他们把26个字母分别用其后面的第三个字母来代替:a b c d e f g h i j k l m n o p q r s t u v w x y z

$$d\ e\ f\ g\ h\ i\ j\ k\ l\ m\ n\ o\ p\ q\ r\ s\ t\ u\ v\ w\ x\ y\ z\ a\ b\ c$$

这种代换方法是将上行的每个字母分别用下行的相应字母代替.这样明文"hello",就变成了密文"khoor",收到密文再转化为明文只需将每个字母换成其前面的第三个字母即可.这种方法规律性太强,很容易被破解.后来,人们采用一种变形的置换方法:把字母或数字用其他字母或数字代换时没有明显的代换规律.比如把$0,1,2,\cdots,9$等10个数字分别换成$3,5,6,\cdots,2$.

2. 加密方法之二——矩阵法

这种加密法就是首先把明文置换成一系列数字,然后把数字按一定规律排列成一个矩阵$A_{m\times n}$,用一个可逆的$B_{n\times n}$右乘它,就构成密文可以传输,收到密文的人只要再右乘$B_{n\times n}^{-1}$即可得到明文.用这种方式加密,第三者要破译相当难,因为可逆方阵$B_{n\times n}$有无数多,要确定它并非易事.

例3-5 在军事通讯中,常将字符(信号)与数字对应,如

a	b	c	d	e	⋯	x	y	z
1	2	3	4	5	⋯	24	25	26

例如信息a r e对应一个矩阵$B = \begin{bmatrix} 1 & 18 & 5 \end{bmatrix}$,但如果按这种方式传输,则很容易被敌人破译.所以必须采取加密措施,即用一个约定的加密矩阵A乘以原信号B,传输信号为$C = AB$(加密),收到信号的一方再将信号还原(破译)为$B = A^{-1}C$.如果敌方不知道加密矩阵,则很难破译.设收到的信号为$C = \begin{bmatrix} -2 & -14 & 3 \\ 9 & 10 & 22 \\ 16 & 25 & 27 \end{bmatrix}$,并已知加密方式为$C = AB$,加密

矩阵为 $A = \begin{bmatrix} -1 & 0 & 1 \\ 0 & 1 & 1 \\ 1 & 1 & 1 \end{bmatrix}$. 问：原信号 B 是什么？

解 先求出逆阵：

$$(A \vdots E) = \begin{bmatrix} -1 & 0 & 1 & 1 & 0 & 0 \\ 0 & 1 & 1 & 0 & 1 & 0 \\ 1 & 1 & 1 & 0 & 0 & 1 \end{bmatrix} \xrightarrow{r_3 + r_1} \begin{bmatrix} -1 & 0 & 1 & 1 & 0 & 0 \\ 0 & 1 & 1 & 0 & 1 & 0 \\ 0 & 1 & 2 & 1 & 0 & 1 \end{bmatrix}$$

$$\xrightarrow{-r_2 + r_3} \begin{bmatrix} -1 & 0 & 1 & 1 & 0 & 0 \\ 0 & 1 & 1 & 0 & 1 & 0 \\ 0 & 0 & 1 & 1 & -1 & 1 \end{bmatrix} \xrightarrow[-r_3 + r_1]{-r_3 + r_2} \begin{bmatrix} -1 & 0 & 0 & 0 & 1 & -1 \\ 0 & 1 & 0 & -1 & 2 & -1 \\ 0 & 0 & 1 & 1 & -1 & 1 \end{bmatrix}$$

$$\xrightarrow{-r_1} \begin{bmatrix} 1 & 0 & 0 & 0 & -1 & 1 \\ 0 & 1 & 0 & -1 & 2 & -1 \\ 0 & 0 & 1 & 1 & -1 & 1 \end{bmatrix}.$$

所以
$$A^{-1} = \begin{bmatrix} 0 & -1 & 1 \\ -1 & 2 & -1 \\ 1 & -1 & 1 \end{bmatrix}.$$

$$B = A^{-1}C = \begin{bmatrix} 0 & -1 & 1 \\ -1 & 2 & -1 \\ 1 & -1 & 1 \end{bmatrix} \begin{bmatrix} -2 & -14 & 3 \\ 9 & 10 & 22 \\ 16 & 25 & 37 \end{bmatrix} = \begin{bmatrix} 7 & 15 & 15 \\ 4 & 9 & 4 \\ 5 & 1 & 18 \end{bmatrix}.$$

即原信号为：good idear.

3. 加密方法之三——RSA 法

RSA 公钥加密算法是 1977 年由 Ron Rivest，Adi Shamirh 和 Len Adieman 在美国麻省理工学院开发的. RSA 取自于开发者他们三人的名字. RSA 是目前最有影响力的公钥加密算法. RSA 算法基于一个十分简单的数论事实：将两个大素数相乘十分容易，但那时想要对其乘积进行因数分解极其困难，因此可以将乘积公作为加密密钥.

RSA 方法可以公开用以制造密码与破解密码的方法. 加密时主要依赖于两个大素数 p, q，当然，不同的机构应当使用不同的 p, q. 下面是其基本方法：

首先我方掌握两个大素数 p, q，由此可以造出一个大数 $N = pq$，选取一个较小的数 n，使得 n 与 $p-1, q-1$ 均互素；再选取 m，使得 $mn-1$ 是 $(p-1)(q-1)$ 的倍数. m 与 n 的选取是容易做到的. 现在可以像电话号码一样对外公开我们的密钥: N 和 n. 而 m 是我们解除密码的唯一秘诀, 绝不可以外传. 敌方在不了解 p, q 的情况下, 是难以分解出 p, q 的, 因而也就不可能了解我们的唯一秘诀 m. 假如我们的朋友要向我们发送信息, 他可以通过查到的我们的密钥 N 和 n, 将要发送的信息(数)由明文 x 转化为密文 y: 算出 x^n, 设 x^n 被 N 除所得的余数 y, 用数论的记号就是 $x^n \equiv y \pmod{N}$, y 就是要发出的密文. 我方收到密文 y 后, 计算出 y^m, 按照数论的知识, $y^m \equiv x \pmod{N}$, 即 y^m 被 N 除所得的余数就是对方想发出的明文 x.

上述过程总结如下: ① 对方要发的明文 x 转化为密文 y: $x^n \equiv y \pmod{N}$; ② 对方发送密文 y; ③ 我方收到密文 y 后转化为明文 x: $y^m \equiv x \pmod{N}$.

现在问题的关键在于为什么能有 $y^m \equiv x \pmod{N}$?

这依赖于数论中的一个基本公式:

欧拉定理 设 a, N 为正整数, 如果 $(a, N) = 1$, 则有 $a^{\varphi(N)} \equiv 1 \pmod{N}$, 其中 $\varphi(N)$ 为欧拉函数, 它代表在 $1, 2, 3, \cdots, N$ 中与 N 互素的正整数的个数. 根据欧拉定理, 注意到当 $N = pq$ 时, $\varphi(N) = (p-1)(q-1)$, 而上述选取的 m, n 满足

$$mn = k(p-1)(q-1) + 1 = k\varphi(N) + 1,$$

k 是正整数. 我们只需证明, 对于任意正整数 x, 有

$$y^m = x^{mn} \pmod{N} \equiv x^{k\varphi(N)+1} \pmod{N} \equiv x \pmod{N}$$

即可.

事实上, 如果 $(x, N) = 1$, 由欧拉定理, 必有 $x^{\varphi(N)} \equiv 1 \pmod{N}$, 从而

$$y^m \equiv x^{mn} \pmod{N} \equiv x^{k\varphi(N)+1} \pmod{N} \equiv \left[x^{\varphi(N)}\right]^k \pmod{N} \times x \pmod{N} \equiv x \pmod{N}.$$

如果 $(x, N) = p$, 即能整除 x, 但 q 不能整除 x, 即 $(x, q) = 1$. 对 x, q 应用欧拉定理, 得 $x^{q-1} \equiv 1 \pmod{q}$, 从而

$$x^{k\varphi(N)+1} = x^{k(p-1)(q-1)+1} \equiv \left[x^{q-1}\right]^{k(p-1)} \times x \pmod{q} \equiv x \pmod{q}.$$

另一方面, 因为 $p \mid x$, 显然有

$$x^{k\varphi(N)+1} = x^{k(p-1)(q-1)+1} \equiv 0 \pmod{p} \equiv x \pmod{p},$$

这是因为同余式两端都能被 p 整除.

以上两点表明

$$x^{k\varphi(N)+1} \equiv x \pmod{pq} \equiv x \pmod{pq}.$$

如果$(x,N)=q$，结论同样可证．

最后，如果$(x,N)=N$，则$N|x$，故$x^{nm}\equiv 0(\bmod N)\equiv x(\bmod N)$．结论得证．

下面看一个具体例子：现在我们用较小的素数$p=3,q=11$来说明这种方法：此时$N=33$，选取数，使得n与$(3-1)$，$(11-1)$均互素，比如选$n=7$即可．现在$N=33$与$n=7$是我们公开的密钥，任何人都可以按照这个密钥给我们发送信息．为了选取m，使得

$$nm-1=7m-1=k(3-1)(11-1)=20k,$$

因而也就是要选取适当的k，使得$20k+1$是7的倍数，一般应使k尽可能地小，以使m也较小．取$k=1$，我们得到$m=3$．这是我们解密的钥匙，只有我方知道．当p,q非常大时，敌方是无法得知这个密钥的．现在假设对方要发送的明文为8，他可以利用查到的密钥$N=33$与$n=7$，将明文8转化为密文：

$$8^7=2\ 097\ 152\equiv 2(\bmod 33),$$

密文为2，然后将密文2发给我方．当我方收到密文2时，按照密钥$N=33$与$m=3$把密文再转化为明文：$2^3=8\equiv 8(\bmod 33)$，明文为8．

当今世界各主要国家的政府都十分重视密码工作，有的设立庞大机构，拨出巨额经费，集中数以万计的专家和科技人员，投入大量高速的电子计算机和其他先进设备进行工作．与此同时，各民间企业和学术界也对密码日益重视，不少数学家、计算机学家和其他有关学科的专家也投身于密码学的研究行列，更加速了密码学的发展．

第四节　建筑物中的数学

千家万户，哪一家离得开衣食住行？住要有房子，行要有道路、桥梁、码头、车站、机场，吃的和穿的要到饭店和商场．而这些都与建筑有关．建筑必须与形和数打交道，建筑里面讲数学，数学里面讲建筑，你中有我，我中有你．

一、欣赏建筑物的外观

早在公元前5世纪，希腊建筑家就知道0.618的比值是协调、平衡的结构．世界上最有名的建筑物中几乎都包含"黄金分割比"．古埃及的金字塔，形似方锥，大小各异，但这些金字塔底面的半边长与斜面的高之比都接近于0.618．古希腊的帕特农神殿（如图3-27）中无处不存在着黄金矩形．巴黎圣母院（如图3-28）的外观，甚至像东方明珠（如图3-29）一样的电视塔的观光层位置，都利用黄金分割比给人以美的享受．

图 3-27　古希腊的帕特农神殿

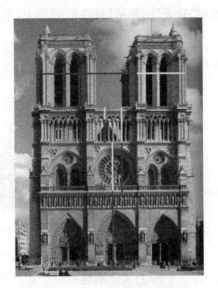

图 3-28　法国巴黎圣母院

　　泰姬陵(如图 3-30)的总体结构,严谨对称而又富于变化.不但建筑物的左右对称和前后对称,而且由于水中倒影,增添了上下对称.既有统一的整体,又有多样性的形式,肃穆、典雅、精致、和谐,美不胜收.

图 3-29　上海东方明珠

图 3-30　泰姬陵

　　再看胡夫金字塔,如图 3-31 所示,外看呈正四棱锥,当你的视线向上聚拢时,指向天空,体现"升天"的愿望. 棱锥的底面大,重心低,稳定性特别好.

图 3-31 埃及胡夫金字塔

13 世纪,神圣罗马帝国皇帝弗雷德里克二世所建造的著名的山城即呈正八棱柱形,而外墙的每一个角上又分别建有一个正八棱柱. 从空中拍摄的图形来看(如图 3-32),过城堡内八边形的每一边的直线构成一个八角星,八角星的每一个顶点恰恰位于相应角上正八边形的中心;而角上正八边形的朝内的一个顶点正是城堡外八边形的一个顶点. 外八边形、内八边形和角上八边形的边长之为 $2:1:(\sqrt{2}-1)$,如果再按同样的方法不断在每一个小八边形外作出八个更小的正八边形,并保留朝外的五个,那么最后所得的图形乃是一个漂亮的分形图案.

图 3-32 意大利 Monte 城堡俯视图

电厂的冷却塔既不是圆柱体,也不是圆台. 它的侧面形状是单叶旋转双曲面(如图3-33),因为它比同底等高的圆柱体、圆台的侧面积都要大,因此,散热面积能达到最大.

图 3-33　电厂冷却塔：双曲面

赵州桥是中国现存最古老的桥，距今已有 1 400 年的历史. 赵州桥为何千年不倒，关键在于其充分发挥了拱形结构的作用. 它的桥孔截面是圆弧形，是一种最简单的拱形. 桥孔肩上四个窗孔也都是拱形，如图 3-34 所示. 拱形的曲面处处往外凸，没有凹痕，通过计算可以知道，拱形能承受很大的外部压力.

图 3-34　赵州桥

除此之外，利用数学中的对称性，利用球体、圆柱、棱柱、棱锥、双曲面、马鞍面等几何形体而建造的建筑物也数不胜数.

二、室内装潢——地砖铺设问题

　　在生活中我们经常可以看到各种各样图案的地板,如图 3-35～图 3-37 所示,它们将
地面装饰得很漂亮.

图 3-35

图 3-36

图 3 - 37

那么，这些图案有什么共同特征呢?

(1) 这些图案是由一种或几种形状和大小都相同的图形组成的.

(2) 图形与图形之间没有缝隙，也没有重叠.

像这样用形状、大小完全相同的一种或几种平面图形进行拼接，彼此间不留空隙、不重叠地铺成，就是密铺.

从数学角度来讲，能不能密铺跟图形的内角角度有关! 观察图 3 - 38～图 3 - 40.

长方形每个角是 90°，4 个 90°是 360°；正六边形每个角是 120°，3 个 120°是 360°；正五边形每个角是 108°，拼不成 360°.

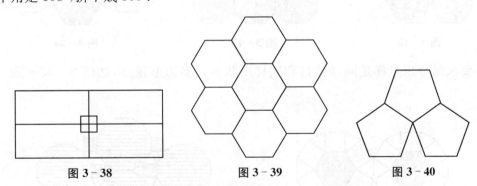

图 3 - 38   图 3 - 39   图 3 - 40

所以要密铺，必须同一顶点各多边形内角和为 360°!

下面考虑几种情形的密铺情况，如图 3 - 41 所示.

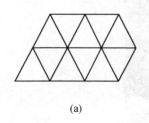 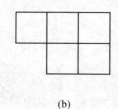 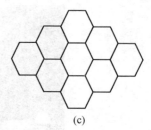

(a)   (b)   (c)

图 3 - 41

1. 相同正多边形的密铺

按上面结论可发现只有正三角形、正四边形、正六边形能密铺,如图 3 - 40 所示.

2. 几种不同正多边形的密铺

每个顶点都是同样数目的一些同样形式的正多边形的公共点,如图 3 - 42～图 3 - 44 所示.

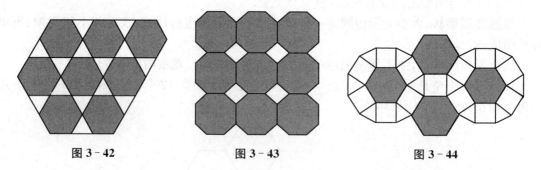

图 3 - 42   图 3 - 43   图 3 - 44

不要求每个顶点都是同样数目和同样形状的正多边形顶点,如图 3 - 45～图 3 - 46 所示.

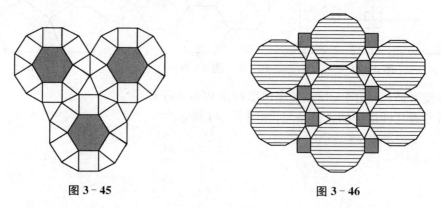

图 3 - 45   图 3 - 46

数学与现代生活

3. 一般凸多边形的密铺(如图 3-47～图 3-48)

图 3-47   图 3-48

4. 有生命的镶嵌图

　　无论对数学家是否公平,有一点是真实的——他们仅仅指出了在所有的常规的多边形中,正三角形、正方形和正六边形能被用于镶嵌,但事实上,许多其他不规则多边形平铺后也能形成镶嵌.在密铺问题上,无疑荷兰画家埃舍尔的突破是最大的.在他的镶嵌图形中利用了这些基本的图案,用几何学中的反射、平滑反射、变换和旋转来获得更多的变化图案.他特别精心地使这些基本图案扭曲变形为动物、鸟和其他的形状.这些改变不得不通过三次、四次甚至六次的对称以便得到镶嵌图形.这样做的效果既是惊人的,又是美丽的.

　　例3-6　图 3-49 表示了埃舍尔如何巧妙地对正六边形逐渐进行割补,把一个没有生命力的图形变成有生命力的"蛙类",然后密铺的过程.

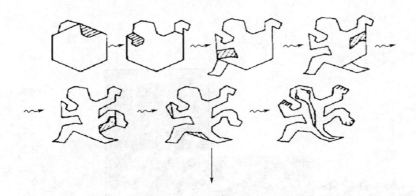

图 3 - 49

例 3 - 7 在如图 3 - 49 所示的"蜥蜴"里,镶嵌而成的蜥蜴"嬉笑地逃离"二维平面的束缚到桌面"放风",然后又重新陷入原来的图案.埃舍尔在许多六边形的镶嵌图形中使用了这个图案模式.在"逐步展开"中,可以追溯到这个方形的镶嵌图形从边缘到中间的不断扭曲转化,如图 3 - 50 所示.

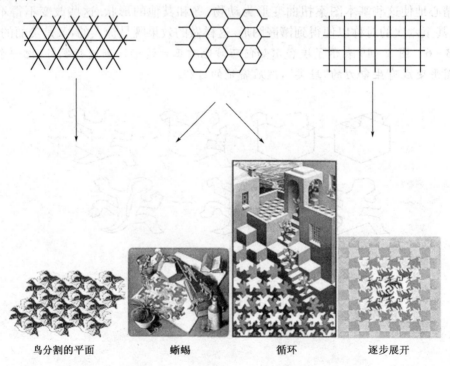

鸟分割的平面   蜥蜴   循环   逐步展开

图 3 - 50

1. 蜜蜂住的房子是六角柱状体,门是平整的六角形开口,房底是尖底子,由三个相同的菱形"砖"砌成一个封闭的六角菱锥形的底.这个菱锥形的底盘钝角为 $109°28'$,所有的锐角为 $70°32'$.房子与房子之间的墙壁只有 0.073 mm,误差极小.这样的房子住起来又省料又坚固.我们来看看蜘蛛结的"八卦"网,瞧瞧,经线和纬线之间排列得多么匀称,它们组成了复杂又美丽的八角形几何图案,人们即使用直尺和圆规也很难画出像蜘蛛网那样的图案.不信你去试试?

2. 桦树卷叶象虫要生小宝宝了,象虫准妈妈会利用桦树叶制成圆锥形的"产房".它会先爬到离叶柄不远的地方,用锐利的双颚咬透叶片,向后退去,咬出第一道弧形的裂口.然后爬到树叶的另一侧,咬出弯度小些的曲线.接下来又回到开头的地方,把下面的一半叶子卷成很细的锥形圆筒,卷 5～7 圈.最后把另一半朝相反方向卷成锥形圆筒.这样的"产房"多好,又结实又能遮风避雨.仔细观察一下你的周围,看看还有哪些昆虫是这样做的?

3. 冬天又一次降临,不要担心你家的小猫咪冻着.你看,它睡觉时,总是把自己的身子尽量缩成球状,就像一个小毛球,可爱极了.别以为它故意作秀,它可是为了"保暖"呢.你能否从数学的角度解释小猫的这一现象呢?

4. 若有 73 个零件,其中有一个零件比其他的稍重,如果只能用天平来测量,至少要称多少次才能保证找出来呢?

提示 因为 $3^3<73≤3^4$,所以最少要称 4 次才能保证找出次品.

〔平衡 4 次:(25,24,24)(9,8,8)(3,3,3)(1,1,1).不平衡 4 次:(25,24,24)(8,8,8)(3,3,2)(1,1,1).〕

5. 说说你所在地邮政编码所表示的意思.

(1) 你们学校的邮政编码是多少?前两个数字表示什么?第三个数字呢?第四个数字呢?

(2) 你们家的邮政编码是多少?与学校的邮政编码进行对比,你获得了哪些信息?

(3) 你还知道哪些邮政编码?与同学们交流一下,从这些邮政编码中你获得了哪些信息?

(4) 如果要给亲戚或朋友写信,不知道对方的邮政编码怎么办?

6. 以下是小明家四人的身份号码,请指出哪个是外婆、爸爸、爷爷、阿姨的身份号码:330226197601012092;330226194907152045;330226194612035077;330226197106014021X.

7. 吴明是一个全国通缉的罪犯,为了能逃出法网,他到私人诊所整过容后,胁持郑艺帮他做假身份证,无奈之下,郑艺帮他做了一个,身份号码为330226196712253582,正当他准备登机的时候,被公安机关扣押了.你知道警察是怎样识破他的吗?

8. 请拿出你的或你爸妈的身份证,验算一下你的校验码.

9. 若把 26 个英文字母 A, B, C, D, …, Z 分别用 1～26 的数字来表示,请你把明文: "The queen order your army fighting with them"置换成密文.

10. 话说警察去追一个犯人,追到树林里不见踪影,只看到犯人留在地上的一张字条,可能是指示他的同伴去找他用的,上面有他的位置.警察把字条捡起来一看,上面有几个意义不明的数字:2008060205070302,0508090702071516,0708051920435273,0312090606000053,这上面好像写的是密码.但是警察却不知道这些密码表示的是什么意思.后来,一位聪明的警察赶到,他了解到这个罪犯很喜欢数学后,立刻跑到附近一座最高的悬崖上,抓到了犯人.你说这位聪明的警察是怎么知道犯人在悬崖上的?

11. 在某种军事通讯中,字符与数字对应关系如下所示:

$$
\begin{array}{ccccccc}
a & b & c & d & \cdots & x & y & z \\
1 & 2 & 3 & 4 & \cdots & 24 & 25 & 26
\end{array}
$$

设收到的信号为 $C = [21 \quad 27 \quad 31]$,并已知加密阵是 $A = \begin{bmatrix} -1 & 0 & 1 \\ 0 & 1 & 1 \\ 1 & 1 & 1 \end{bmatrix}$. 问:原信号 B 是什么?

12. 利用 RSA 公钥法解密,若已知密钥 $N = 77$ 与 $n = 13$,要发的明文是 10. 求:收到的密文是多少?

怎样使自己袋里的钱能够"生出"钱来？近年来，投资理财已成为大众生活的热门话题之一，人们都希望通过一定的方式使自己的家庭资产获得最大收益，然而，理财并非开始于今日，新中国成立 60 多年来由于时代的变迁，人们的理财观念也随之变化并显现出鲜明的时代特征. 在此，我们一起来回顾一下不同年代的理财"景色"：

50 年代：节约光荣，消费可耻；

60 年代：商品短缺，凭票购买；

70 年代：吃饱肚子，钱存银行；

80 年代：能挣会花，告别贫困；

90 年代：花明天的钱办今天的事.

自本世纪初，"理财"一词风靡大江南北，被广大老百姓所接受. 随着理财思想逐步被接受，这几年先后出现了一些响亮的口号，展示着各种理财观念. 21 世纪：你不理财，财不理你；理财就是钱生钱；不要把鸡蛋放在一个篮子里；理财从规划人生开始.

作为一个人，从出生的那一刻起，便是一位消费者. 生活的方方面面都涉及理财的问题. 有理财专家曾说过这样的话：一元钱的节省，就是一元钱的赚得. 因此，作为一位细心的消费者，可以认识到这里的一元钱的节省，不是通过节衣缩食、斤斤计较、日积月累的积攒，而是需要掌握消费者数学，掌握一定的理财原理. 如果你懂得利息的原理，你就可以提高你的投资价值，或者将你的负债损失降到最低. 本章的内容将帮您解决如下典型的理财问题：

（1）如果你通过贷款支付大学费用，你需要支付的利息是多少呢？

（2）为了将来的某个时间有足够的钱买房子或车子，你每个月需要投资多少钱？

（3）为了确保你的孩子将来的大学学费，你需要存多少钱？

（4）为了到退休时能够攒够 1 000 000 元，你什么时候应该开始攒钱呢？

（5）还清你信用卡上的负债，需要多长时间？

（6）如果你每月可以支付 200 元，那么你目前可以买得起的最高价格的汽车是多少？每月的支付提高到 250 元，又是怎样的结果呢？

在你的生活中你将遇到许多像这样的问题. 当你学过有关利息、养老金、贷款、保险等的数学理论后,你将学会怎样安排你绝大部分的钱,并且能够很快地解决你的财政问题.

第一节　储蓄与数学

多年来,储蓄作为一种传统的理财方式,早已在人们的思想观念之中根深蒂固. 有专家分析,一方面因为外资流入中国势头仍较旺盛,我国基础货币供应量增加;另一方面政府为了适度控制物价指数和通货膨胀率的上升,采取提升利率手段,再加上利率的浮动区间进一步扩大,利率的上升,必将刺激储蓄额的增加. 调查表明,大多数居民目前仍然将储蓄作为理财的首选.

储蓄,是一种安全系数高、提取方便但收益小的理财方式. 就储蓄本身而言,不同种类的储蓄收益各有不同,不同的储蓄路径收益也不同. 在了解具体的储蓄工作原理之前,我们现对与储蓄相关的基本概念、术语作一下基本介绍.

➤ 利息(I):利息是存款人的收益,从一定程度上也可以说是贷款人(borrower)支付债主(lenders)的金额.

➤ 本金(P):存款人存入的钱叫做本金.

➤ 利息率(r):一定存期(年、月或日)内的利息对本金的比叫做利率,也就是你的存款获益的百分比. 常见的利息率有年利息率、季利息率、月利息率、日利息率. 通常不同银行的利息率是不同的,同一银行的不同的存款方式的利息率也是不同的.

➤ 本利和(A):本金加上利息叫做本利和.

计算利息有两种方法:单利和复利(时间用字母 t 表示).

(1) 单利:其特点是无论存款期限是多少年,利息都不加入本金. 即:

$$利息 = 本金 \times 利息率 \times 时间(即 I = P \times r \times t).$$

那么

$$本利和 = 本金 \times (1 + 利息率 \times 存期)(即 A = P \times (1 + r \times t)).$$

(2) 复利:通常是存款年限较长,约定在每年的某月把利息加入本金,这就是复利法,即利息再生利息. 即:

$$本利和 = 本金 \times (1 + 年利率)^{存期}(即 A = P \times (1 + r)^n).$$

n 为存款的周期数,如果使用的是年利息率,那么 n 就等于存款的年数;如果使用季利息率,$n = 4 \times$ 年数;如果使用月利息率,$n = 12 \times$ 年数,以此类推.

目前我国银行存款多数实行的是单利法,不过规定存款的年限越长,利息率也越高.

生活中,有人习惯把多余的现金存到银行里面,有人为了实现自己的某个购买计划,而

数学与现代生活

计划在几年内积攒够所需要的购买金额. 为此人们往往很想知道, 一年过后或几年过后自己账户上应该有多少金额呢? 为了能够在几年内积攒够用的购买金额, 现在需要预存多少金额呢? 通过本部分的学习, 你将了解在单利和复利前提下的有关利息、本利和、存储时间的相关计算.

例 4 – 1 使用单利计算利息和本利和.

春节过后, 某同学收到 2 500 元的压岁钱, 他将这笔钱存到年利息率为 4.14% 的银行, 若利息按单利计算. 问: 5 年后该同学可获得多少利息? 该同学账户上的金额总共有多少呢?

分析 本题利息计算按单利, 可使用: $I=P\times r\times t$ 和 $A=P\times(1+r\times t)$.

解 由题意得: $P=2\,500, r=4.14\%, t=5$, 因为

$$I = P\times r\times t = 2\,500\times 4.14\%\times 5 = 517.5(\text{元}),$$

由 $\qquad A = P\times(1+r\times t) = 2\,500\times(1+4.14\%\times 5) = 3\,017.5(\text{元})$

可知 5 年后该同学可获得利息 517.5 元, 该同学账户上的金额共有 3 017.5 元.

例 4 – 2 使用单利计算本金.

假设你想为 2 年后的旅行存够 8 000 元, 因为为你提供的是年利息率为 4% 存款类型, 使用单利计算. 为确保在 2 年内获得所需金额, 你现在必须存到账户上多少钱?

分析 根据题意, 我们知道本利和 $A=8\,000, r=4\%, t=2$, 要我们求 P, 可以根据 $A=P\times(1+r\times t)$ 来计算.

解 因为 $A=8\,000, r=4\%, t=2$, 所以

$$8\,000 = P\times(1+4\%\times 2) = P\times 1.08.$$

方程两边同除以 1.08 得: $P=7\,407.407\,41\approx 7\,407.41(\text{元})$.

我们取 7 407.41 元, 如果你现在将这个金额存到所规定的账户上, 2 年后你将获得旅行所需要的 8 000 元.

【小建议】 在例 4 – 2 中, 我们使用前面计算本利和的公式来计算账户的本金, 而不是指定一个新的公式来解这类具体的问题. 结合一些简单的代数知识, 很好地学习一些简单的公式并运用, 你将会发现解决一些新问题更容易, 而不是尽力去记住每种类型问题的孤立的公式.

上面的计算看起来似乎合情合理, 但从我们消费者的角度考虑, 在一段时间后, 自己账户理应获得一定数目的利率金额加到本金上, 形成一个本利和, 作为自己新的本金额, 然后银行就需要对这个稍微大一点的本金来支付利息. 所以说本金是"与时俱进"的, 而不是一成不变的. 事实上, 该种情况下利息就是支付本金和前面所获得的利息和的金额, 也就是我

们通常所说的复利.

例4-3 假设你想在5年内换一部车,为该购买存储首付所需金额,你在一个年利息率为10%的银行账户上存储了1.5万元.求:5年后该账户上的钱是多少?(利息按年复利计算)

分析 计算本利和.可以使用公式:$A = P(1 + r \times t)$,然而按复利计算的话,每年所获得的利息都被加到本金上,所以我们必须每年年底重新来计算本利和.

解 第1年:因为$P = 15\,000$,$r = 10\% = 0.1$,$t = 1$,
所以第1年年底时的本利和:$A = 15\,000 \times (1 + 0.1 \times 1) = 16\,500$(元).

这将是第2年的本金.

第2年:因为$P = 16\,500$,$r = 10\% = 0.1$,$t = 1$,
所以第2年年底时的本利和:$A = 16\,500 \times (1 + 0.1 \times 1) = 18\,150$(元).

这将是第3年的本金.

第3年:因为$P = 18\,150$,$r = 10\% = 0.1$,$t = 1$,
所以第3年年底时的本利和:$A = 18\,150 \times (1 + 0.1 \times 1) = 19\,965$(元).

这将是第4年的本金.

第4年:因为$P = 19\,965$,$r = 10\% = 0.1$,$t = 1$,
所以第4年年底时的本利和:$A = 19\,965 \times (1 + 0.1 \times 1) = 21\,961.5$(元).

这将是第5年的本金.

第5年:因为$P = 21\,961.5$,$r = 10\% = 0.1$,$t = 1$,
所以第5年年底时的本利和:$A = 21\,961.5 \times (1 + 0.1 \times 1) = 24\,157.65$(元).

这将是第6年的本金.

针对例4-3,如果我们使用单利条件下计算本利和的公式可得:$A = 15\,000 \times (1 + 0.1 \times 5) = 22\,500$(元).我们很容易发现,例4-3的解法大于通过单利方法所获得的利息.因为所获得的利息追加到本金上后,银行就需要对一个持续增长的本金支付利息.

我们可以继续例4-3的计算过程,通过一年一年的计算,都可以得到该账户每个时期的本利和.但是你是否想到,假设你的存储时间不是5年而是30年,很显然计算过程是繁琐的.很幸运地,我们仔细观察例4-3的计算过程,从中我们可以发现这样一个规律:

第1年开始时:

因为$P = 15\,000$,$r = 10\% = 0.1$,$t = 1$,
所以第1年年底时的本利和:$A = 15\,000 \times (1 + 0.1 \times 1) = 15\,000 \times 1.1$.

不用计算乘积,我们用$15\,000 \times 1.1$作为第2年的本金,因此第2年年底时的本利和是:

$$A = 15\,000 \times 1.1 \times (1 + 0.1) = 15\,000 \times 1.1^2.$$

现在我们用$15\,000 \times 1.1^2$作为第3年的本金,因此第3年年底时的本利和是:

数学与现代生活

$A=15\ 000\times 1.1^2\times(1+0.1)=15\ 000\times 1.1^3$.

如果我们继续用这种方法计算该账户第 30 年年底的未来价值,我们可得到:

$A=15\ 000\times 1.1^{30}\approx 15\ 000\times 17.449\ 402\ 27\approx 261\ 741.034$(元).

因此用这个稍微有点不同的方法来计算,不管年数有多长,我们只要借助计算器的话,就可以很容易地算出若干年后的本利和.

一般来说,如果一个账户上存储的本金是 P,利息率是 r,存储年数是 n,复利按年计算,那么所得出的计算账户本利和的公式是 $A=P(1+r)^n$.

我们前面所讨论的例 4-3 是一个按年来计算的复利类型. 通常情况下,所有银行和其他金融机构复利的频数不是局限在一年一次,而是超过一年一次. 如果一年内,复利频繁地发生,那么对于我们所总结出的公式 $A=P(1+r)^n$ 还适用吗?

例 4-4 小华是一个对投资非常谨慎的人,他决定将自己的年终奖金 5 万元存一个为期 5 年的账户. 甲银行提供的是一份年利息率 5%,复利按季计算的存款类型;乙银行提供的是一份年利息率 4.8%,复利按月计算的存款类型. 那么哪一个银行会带给小华更多的收益呢?

分析 通过题意我们可以发现,甲、乙两家银行的复利都不是按年来计算的,那么我使用公式来计算的话,这里的 n 是不是等于 5 呢? 很显然不是,因而需要进行相应的调整.

甲银行:因为年利息率为 5%,所以季利息率 $r=0.05/4=0.012\ 5$. 同样的,因为利息按季复利来计算,那么 5 年共有 20 个季度,因此这里的 $n=20$. 由此,我们可以求出 5 年后甲银行的本利和为 $A=P(1+r)^n=50\ 000\times(1+0.012\ 5)^{20}\approx 64\ 101.86$(元).

乙银行:因为年利息率为 4.8%,所以月利息率 $r=0.048/12=0.004$. 同样的,因为利息按月复利来计算,那么 5 年共有 60 个月,因此这里的 $n=60$. 由此,我们可以求出 5 年后乙银行的本利和是 $A=P(1+r)^n=50\ 000\times(1+0.004)^{60}\approx 63\ 532.04$(元).

因此从计算结果可以得出:小华把钱存到甲银行的话,将获得较多的利息.

【小建议】 如果银行或其他的金融机构的利息按复利计算,复利的频数一般也会有所不同,我们一定要注意时间的周期期限与相应的利息率相一致. 例如,如果年利息率为 12%,存储年数是 5 的话,那么复利按季计算的话,季利息率为 12%/4=3%,复利计算周期数是 5×4=20;如果复利按月计算,月利息率为 12%/12=1%,复利计算周期数是 5×12=60;依次类推.

例 4-5 策略选择.

表 4-1 是 2007 年 12 月 21 日我国人民银行公布的金融机构人民币存款整存整取基准利率表:

表 4-1

存期	1 年	2 年	3 年	5 年
年利率(%)	4.14	4.68	5.40	5.85

某人有 20 000 元,想存入银行储蓄 5 年,可有几种储蓄方案,哪种方案获利最多?

分析 按表 4-1 的利率计算.

(1) 连续存五个 1 年期,则 5 年期满的本利和为

$20\,000 \times (1 + 0.041\,4)^5 \approx 24\,497$(元).

(2) 先存一个 2 年期,再连续存三个 1 年期,则 5 年后本利和为

$20\,000 \times (1 + 0.046\,8 \times 2) \times (1 + 0.041\,4)^3 \approx 24\,703$(元).

(3) 先连续存两个 2 年期,再存一个 1 年期,则 5 年后本利和为

$20\,000 \times (1 + 0.046\,8 \times 2)^2 \times (1 + 0.041\,4) \approx 24\,909$(元).

(4) 先存一个 3 年期,再转存一个 2 年期,则 5 年后的本利和为

$20\,000 \times (1 + 0.054\,0 \times 3) \times (1 + 0.046\,8 \times 2) \approx 25\,415$(元).

(5) 先存一个 3 年期,然后再连续存两个 1 年期,则 5 年后本利和为

$20\,000 \times (1 + 0.054\,0 \times 3) \times (1 + 0.041\,4)^2 \approx 25\,204$(元).

(6) 存一个 5 年期,则到期后本利和为

$20\,000 \times (1 + 0.058\,5 \times 5) = 25\,850$(元).

显然,第六种方案获利最多,可见国家所规定的年利率已经充分考虑了你可能选择的存款方案,利率是合理的.

就目前而言,尽管央行也会因为宏观经济情况加息,但由于股票、基金、国债等多种投资理财方式的影响,储蓄利息已进入低潮时期,就这点来说,继续用储蓄作为家庭理财的主要渠道就显得有些保守.

第二节 购房与数学

购买住房是一种建立终生资产的行动. 在这样一个房产热的潮流之下,购房已成为社会的一大景色. 在很多人看来,购房已成为自己人生中的一项投资活动. 然而像买房这样的动用较大金额的交易活动,对于大多数人来说为了缓解因一次性付款带来的经济压力,提高其消费能力,往往采用分期付款的方式. 从一定的程度上可以说是让老百姓实现了花明天的钱圆今天的梦. 分期付款到底是怎样的一种支付方式? 根据自己的收入水平,应选择多大金额的房子更合理呢? 为了在规定年数内还清房贷,每个月要支付多少金

额？选择 20 年还是 30 年还清房贷更经济呢？在本单元中，你将了解其中的原理，为您的抉择提供参考.

从我国目前情况来看，各大银行使用的分期还贷方式主要是等额本息还款法和等额本金还款法.

一、等额本息还款法

在利息不变的情况下，借款人每期（月）还款额均相等，每期还款额为本金和利息，但每期本金和利息所占比例都在发生变化. 本金所占份额逐渐上升，利息所占份额逐渐下降. 其特点如下：

(1) 每期的付款额相同；

(2) 各期的付款的数额连同到最后一次付款时的所生的利息之和，等于商品售价及从购买到最后一次付款时的利息之和.

首先我们可以先来建构一下该分期付款方式的模型. 假设购买一件售价为 P 元的商品，采用分期还贷方式，要求在 n 个月内分 n 次将贷款全部还清，月利息率为 r.

分析 由题意可得，P 元钱在 n 个月内的本息和是 $P(1+r)^n$. 假设每月还 m 元的话，我们可以将各个月的付款明细一览表表示如下：

第 n 次（即最后一次）：还款 m 元以后，款已全部还清，因此这一次的付款没有利息；

第 $(n-1)$ 次：还款 m 元以后，当付款后 1 个月，所付款连加上所得利息实际为 $m(1+r)$ 元；

第 $(n-2)$ 次：还款 m 元以后，当付款后 2 个月后，所付款连加上所得利息实际为 $m(1+r)^2$ 元；

……

第 2 次：还款 m 元以后，当付款后 $(n-2)$ 个月后，所付款连加上所得利息实际为 $m(1+r)^{(n-2)}$ 元；

第 1 次：还款 m 元以后，当付款后 $(n-1)$ 个月后，所付款连加上所得利息实际为 $m(1+r)^{(n-1)}$ 元.

所以，根据特点(2)可得：

$$m+m(1+r)+m(1+r)^2+\cdots+ m(1+r)^{(n-2)}+ m(1+r)^{(n-1)}=P(1+r)^n,$$
$$m=r\times(1+r)^n\times P/[(1+r)^n-1]. \tag{4-1}$$

例 4-6 假设你用你的积蓄为你梦想的房子支付首付之后，你决定从建设银行贷款 120 000 元完成支付. 建设银行为你提供的分期付款方式是等额本息还款，年利息率是 7%，偿还期是 30 年. 那么你每月需要偿还的贷款金额是多少？

解 由题意可得 $P=120\,000$，$r=7\%/12=7/1\,200$，$n=30\times12=360$. 设每月需偿还的金额为 m. 因为

$$m = r \times (1+r)^n \times P/[(1+r)^n - 1],$$

所以 $m = 7/1\,200 \times (1+7/1\,200)^{360} \times 120\,000/[(1+7/1\,200)^{360} - 1]$.

解得:$m = 798.37$.

即每个月需要偿还的金额为 798.37 元.

小结 等额本息还款法由于每月的还款额相等,因此,在贷款初期每月的还款中,剔除按月结清的利息后,所还的贷款本金就较少;而在贷款后期因贷款本金不断减少,每月的还款额中贷款利息也不断减少,每月所还的贷款本金就较多.

【小建议】 根据公式(4-1)我们不难发现,我们不仅可以用来求出每月的支付金额 m,同样可以根据条件求出贷款金额 $P = m\{[(1+r)^n - 1]/[r(1+r)^n]\}$. 因此我们每一个人可以根据自己的实际情况有选择地去贷款,以便实现自身的最大利益.

二、等额本金还款法

在整个还款期,本金等额偿还,利息逐渐等额下降,即每期等额还本金,贷款利息随本金逐月结清.

假设总贷款额为 P 元,按 n 个月还清,月利率为 r,则每个月需要偿还的金额包括两部分:本金还款(P/n)元和当月剩余金额在这个月的利息. 具体如下:

第 1 月付款金额:$P/n + Pr$;

第 2 月付款金额:$P/n + (P - P/n)r$;

第 3 月付款金额:$P/n + (P - 2P/n)r$;

……

第 $(n-1)$ 月付款金额:$P/n + [P - (n-2)P/n]r$;

第 n 月付款金额:$P/n + [P - (n-1)P/n]r$.

如果我们用 m 表示每一次的偿还金额,用 k 来表示偿还的次数,由以上规律可得出第 k 次的偿还金额为:

$$m_k = P/n + [P - (k-1)P/n]r.$$

根据上面的推导,我们可以发现等额本金还款方式,每月的偿还金额都不相同,每月贷款利息随着本金余额的减少而逐月递减(递减金额为$(P/n)r$).

如果用 S 表示还清时的贷款总额,可得:

$$S = P/n + Pr + P/n + (P - P/n)r + \cdots + P/n + [P - (n-1)P/n]r \tag{4-2}$$
$$= P + 0.5(n+1)Pr.$$

例 4-7 同样是例 4-6 的情况,但是贷款人不是向建设银行贷款,而是向工商银行贷款,已知工商银行提供的分期付款的方式是等额本金还款法. 求:30 年还清贷款时所付的总金额是多少?

解 由题意可得:$P=120\,000$;$r=7\%/12=7/1\,200$;$n=30\times12=360$.

因为 $S=P+0.5(n+1)Pr$

$\qquad\quad=120\,000+0.5\times(360+1)\times120\,000\times7/1\,200$

$\qquad\quad=246\,350(元)$,

所以 30 年偿付的贷款金额不是 120 000 元,实际上是 246 350 元.

小结 等额本金还款法是由本金还款和利息还款两部分分开计算的,因此一开始就是单利计算模式,但每期所还金额不同,开始时由于所需还款利息较多,还款压力还是较大的.适用于目前金额比较充裕,但收入不太稳定且有可能收入减少的人群.

三、不同还款方式的案例分析

为了进一步分析不同还款方式下,投资者所应还款的总额情况,现把有关公式作进一步梳理.

1. 等额本息还款法分析

假设总贷款额为 P 元,采用分期等额本息还款方式,要求在 n 个月内将贷款全部还清,月利率为 r(年利率/12),则

每月还款额 $\qquad\qquad m=r(1+r)^n\times P/[(1+r)^n-1]$, (4-3)

前 n 期的付款金额 $\qquad\qquad E_n=mn$, (4-4)

第 n 期的剩余本金 $\qquad H_n=P(1+r)^n-m[(1+r)^n-1]/r$, (4-5)

还款总额 $\qquad\qquad\qquad S=mn$. (4-6)

2. 等额本金还款法分析

每月偿还同等数额的本金,贷款利息随本金逐月结清.假设总贷款为 P 元,按 n 个月还清,月利率为 r,每次偿还金额为 m_k 元,则

第 k 次偿还金额 $\qquad m_k=P/n+[P-(k-1)P/n]r$, (4-7)

每期偿还本金 $\qquad\qquad\quad c=P/n$, (4-8)

还款总额 $\qquad\qquad\quad S=P+0.5(n+1)Pr$. (4-9)

例 4-8 2012 年 5 月 30 日,王先生购买了一套 60 万元的房子,首付 20 万元后,剩余 40 万元决定在建设银行进行为期 20 年的商业贷款,贷款年利率为 6.55%,请你提供给他一个有说服力的还贷方式建议!

分析 （1）到期还清.

① 等额本息还款法.

由公式(4-3)，得：$m = r \times (1+r)^n \times P/[(1+r)^n - 1]$

$\qquad\qquad = 6.55\%/12 \times (1+6.55\%/12)^{240} \times 400\,000/[(1+6.55\%/12)^{240} - 1]$

$\qquad\qquad = 2\,994.07(元)$

由公式(4-6)，得：$S = 2\,994.07 \times 240 = 718\,576.8(元)$.

② 等额本金还款法.

由公式(4-7)，得：$S = P + 0.5(n+1)Pr$

$\qquad\qquad = 400\,000 + 0.5 \times (240+1) \times 400\,000 \times 6.55\%/12$

$\qquad\qquad = 663\,091.67(元)$.

③ 小结.

从上面的例子可看出，按照等额本金还款法所偿还的总金额要少于按照等额本息还款法所偿还的总金额. 所以如果贷款人前期有较充足的资金，那么选择等额本金还款法合算. 等额本金还款法特别适合已经工作了一段时间并有了一定的经济基础，或正处于收入高峰期、以后收入可能会减少的群体，如快退休的人群等.

（2）提前还清.

① 等额本息提前还款法.

Ⅰ. 提前 5 年还清，也就是贷款人已经还款 179 期.

由公式(4-4)，得：$E_{179} = 2\,994.07 \times 179 = 535\,938.53(元)$.

由公式(4-5)，得：

$H_{179} = P(1+r)^n - m[(1+r)^n - 1]/r$

$\qquad = 400\,000 \times (1+6.55\%/12)^{179} - 2\,994.07 \times [(1+6.55\%/12)^{179} - 1]/6.55\%/12$

$\qquad = 154\,991.15(元)$.

所以提前 5 年还清贷款一共要付的金额为：

$\qquad\qquad\qquad 535\,938.53 + 154\,991.15 = 690\,929.68(元)$.

共支付的利息为 290 929.68 元.

Ⅱ. 提前 10 年还清，也就是贷款人已经还款 119 期.

由公式(4-4)，得：$E_{119} = 2\,994.07 \times 119 = 356\,294.33$ 元.

由公式(4-5)，得：

$H_{119} = P(1+r)^n - m[(1+r)^n - 1]/r$

$\qquad = 400\,000 \times (1+6.55\%/12)^{119} - 2\,994.07 \times [(1+6.55\%/12)^{119} - 1]/6.55\%/12$

$\qquad = 264\,645.21(元)$.

所以提前 10 年还清贷款一共要付的金额为：

$$356\,294.33+264\,645.21=620\,939.54(元).$$

共支付的利息为 220 939.54 元.

Ⅲ. 提前 13 年还款,也就是贷款人已经还了 83 期.

由公式(4-4),得:$E_{83}=2\,994.07\times83=248\,507.81(元).$

由公式(4-5),得:

$$H_{83}=P(1+r)^n-m[(1+r)^n-1]/r$$
$$=400\,000\times(1+6.55\%/12)^{83}-2\,994.07\times[(1+6.55\%/12)^{83}-1]/6.55\%/12$$
$$=315\,165.56(元).$$

所以提前 13 年还清贷款一共要付的金额为:

$$248\,507.81+315\,165.56=563\,673.37(元).$$

共支付利息 163 673.37 元.

Ⅳ. 提前 15 年还款,也就是贷款人已经还款 59 期.

由公式(4-4),得:$E_{59}=2\,994.07\times59=176\,650.13(元).$

由公式(4-5),得:

$$H_{59}=P(1+r)^n-m[(1+r)^n-1]/r$$
$$=400\,000\times(1+6.55\%/12)^{59}-2\,994.07\times[(1+6.55\%/12)^{59}-1]/6.55\%/12$$
$$=343\,745.86(元).$$

所以提前 5 年还清贷款一共要付的金额为:

$$176\,650.13+343\,745.86=520\,395.99(元).$$

共支付的利息为 120 395.99 元.

Ⅴ. 小结(见表 4-2).

表 4-2

	提前 5 年	提前 10 年	提前 13 年还款	提前 15 年还款
总金额	690 929.68 元	620 939.54 元	563 673.37 元	520 395.99 元
总利息	290 929.68 元	220 939.54 元	163 673.37 元	120 395.99 元
节省利息	27 645.12 元	97 637.26 元	154 903.43 元	198 180.81 元

从上面数据可看出,如果按照等额本息付款法提前还贷,第 7 年是个分水岭,前 7 年越早还贷越好,如果第 7 年以后再提前还贷,利息已经在前 7 年归还了一大半,后期归还的贷款中本金所占的比例会逐渐增大,这时再提前还贷就会相当不合算.

② 等额本金提前还款法.

Ⅰ. 提前 5 年,即贷款人已经偿还了 179 期.

由公式(4-8),得:$c=P/n=400\,000/240=1\,666.67(元)$,则前 179 期共偿还本金

1 666.67×179＝298 333.93(元)，最后一次需偿还400 000－298 333.93＝101 666.07(元).

由公式(4－7)，得：$m_1＝P/n＋Pr$

$$＝400 000/240＋400 000×6.55\%/12$$

$$＝3 850(元).$$

$$m_{179}＝P/n＋[P－(179－1)P/n]r$$

$$＝400 000/240＋[400 000－178×400 000/240]×6.55\%/12$$

$$＝2 230.70(元).$$

则前179期还款总额为：(3 850＋2 230.70)×179/2＝544 222.65(元).

所以提前5年还贷一共要付的金额为：

$$544 222.65＋101 666.07＝645 888.72(元).$$

共支付的利息为245 888.72元.

Ⅱ．提前10年，即贷款人已经偿还了119期.

由公式(4－8)，得：$c＝P/n＝400 000/240＝1 666.67(元)$，则前179期共偿还本金1 666.67×119＝198 333.73(元)，最后一次需偿还400 000－198 333.73＝201 666.27(元).

由公式(4－7)，得：$m_{119}＝P/n＋[P－(119－1)P/n]r$

$$＝400 000/240＋[400 000－118×400 000/240]×6.55\%/12$$

$$＝2 776.53(元).$$

则前119期还款总额为：(3 850＋2 776.53)×119/2＝394 278.54(元).

所以提前10年还贷一共要付的金额为：

$$394 278.54＋201 666.27＝595 944.81(元).$$

共支付的利息为195 944.81(元).

Ⅲ．提前13年还贷，即贷款人已经还款83期.

由公式(4－8)，得：$c＝P/n＝400 000/240＝1 666.67(元)$，则前83期共偿还本金1 666.67×83＝138 333.61(元)，最后一次需偿还400 000－138 333.61＝261 666.39(元).

由公式(4－7)，得：$m_{83}＝P/n＋[P－(83－1)P/n]r$

$$＝400 000/240＋[400 000－82×400 000/240]×6.55\%/12$$

$$＝3 104.03(元).$$

则前83期还款总额为：(3 850＋3 104.03)×83/2＝288 592.25(元).

所以提前13年还贷一共要付的金额为：

$$288 592.25＋261 666.39＝550 258.64(元).$$

共支付的利息为150 258.64(元).

Ⅳ．提前14年还贷，即贷款人已经还款71期.

由公式(4－8)，得：$c＝P/n＝400 000/240＝1 666.67(元)$，则前71期共偿还本金1 666.67×71＝118 333.57(元)，最后一次需偿还400 000－118 333.57＝281 666.43(元).

由公式(4-7),得:$m_{71}=P/n+[P-(71-1)P/n]r$

$\qquad\qquad =400\,000/240+[400\,000-70\times400\,000/240]\times6.55\%/12$

$\qquad\qquad =3\,213.20$(元).

则前 71 期还款总额为:$(3\,850+3\,213.20)\times71/2=250\,743.6$(元).

所以提前 14 年还贷一共要付的金额为:

$\qquad\qquad 250\,743.6+281\,666.43=532\,410.03$(元).

共支付的利息为 132 410.03(元).

Ⅴ. 提前 15 年还贷,即贷款人已经还款 59 期.

由公式(4-8),得:$c=P/n=400\,000/240=1\,666.67$(元),则前 59 期共偿还本金 1 666.67×59=98 333.53(元),最后一次需偿还 400 000-98 333.53=301 666.47(元).

由公式(4-7),得:$m_{59}=P/n+[P-(59-1)P/n]r$

$\qquad\qquad =400\,000/240+[400\,000-58\times400\,000/240]\times6.55\%/12$

$\qquad\qquad =3\,322.36$(元).

则前 59 期还款总额为:$(3\,850+3\,322.36)\times59/2=211\,584.62$(元).

所以提前 15 年还贷一共要付的金额为:

$\qquad\qquad 211\,584.62+301\,666.47=513\,251.09$(元).

共支付的利息为 113 251.09 元.

Ⅵ. 小结(见表 4-3).

表 4-3

	提前 5 年	提前 10 年	提前 13 年还清	提前 14 年还清	提前 15 年还清
总金额	645 888.72 元	595 944.81 元	550 258.64 元	532 410.03 元	513 251.09 元
总利息	245 888.72 元	195 944.81 元	150 258.64 元	132 410.03 元	113 251.09 元
节省利息	17 202.95 元	67 146.86 元	112 833.03 元	130 681.64 元	149 840.58 元

从上面数据可看出,如果按照等额本金付款法提前还贷,第 6 年是一个分水岭,前 6 年越早还贷越好,如果第 6 年以后再提前还贷,利息已经在前 6 年归还了一半,后期归还的贷款中本金所占的比例会逐渐增大,这时再提前还贷就会相当不合算.

3. 还贷策略

对例 4-8 得出的数据作对比分析:

$\qquad\qquad\qquad$ 等额本息付款法 $\qquad\qquad$ 等额本金付款法

到期还清:总金额 $\quad$ 718 576.8 元 $\qquad\qquad$ 663 091.67 元

$\qquad\qquad$ 总利息 $\quad$ 318 576.8 元 $\qquad\qquad$ 263 091.67 元

提前还清：

提前 5 年	总金额	690 929.68 元	645 888.72 元
	总利息	290 929.68 元	245 888.72 元
	节省利息	27 645.12 元	17 202.95 元
提前 10 年	总金额	620 939.54 元	595 944.81 元
	总利息	220 939.54 元	195 944.81 元
	节省利息	97 637.26 元	67 146.86 元
提前 13 年	总金额	563 673.37 元	550 258.64 元
	总利息	163 673.37 元	150 258.64 元
	节省利息	154 903.43 元	112 833.03 元
提前 15 年	总金额	520 395.99 元	513 251.09 元
	总利息	120 395.99 元	113 251.09 元
	节省利息	198 180.81 元	149 840.58 元

4. 影响购房的其他相关因素

通过前面的学习,可以了解到分期付款的相关原理. 无论是哪一种还贷方式,消费者实际偿还的金额,都远远大于实际的贷款金额. 仅从节省利息的角度考虑,如果贷款人对于两种还款方式的承受能力没有差别,只是想看何种方式最节省金额,那么不论是到期还贷还是提前还贷,等额本金还款法都是最优选择. 从贷款者的自身承受能力和其他一些因素考虑,对于一部分资金相对丰厚的消费人群来说,选择一次性付款更加经济划算,并且选择一次性付款方式商家往往还给予消费者一定的优惠. 但是一次性付款也不是绝对完美的. 一是一次筹集一笔大额资金,如果从银行提前支取存款往往会造成利息的损失;另一方面一次性付款还可能加大购房者的购买风险. 例如,如果开发商没有按期交房,甚至工程"烂尾"的话,你的损失可能更大,甚至购房款都"打了水漂". 所以消费者在选择时一定要选择有实力、信誉好的商家.

在一定年限内分期付款就是对贷款者变相的融资,但同时在时间延续期间不确定因素及机会成本的存在也突显了一次性付款的优势所在. 分期付款和一次性付款两种付款方式各有利弊,各有千秋. 加之我国在一些法律法规的建设上还不太健全,消费者在购买商品房时一定要根据你目前的家庭收入水平、现有的存款额数目、可获得的贷款额度等资金来源状况细心比较、慎重选择. 如果你手中资金充足,对利率波动的反馈弹性较小,建议你选择一次性付款的方式,这样可以获得一次性付款的购房优惠,还应了那句俗话"无债一身轻". 但如果你是一位工薪族的话,建议你还是采取分期付款的方式. 这种付款方式虽然较一次性付款多支付一笔现金,同时承担着因分期可能带来的风险,但权衡利弊,分期付款却可以让你不会因手中的资金拮据而不能买到理想的住房.

等额本息还款法较适合收入处于稳定状态、经济条件不允许前期投入过大的家庭,如公务员、教师等收入和工作相对稳定的群体.而且如果还贷期已接近中期,不适合提前还贷.等额本金还款法虽然可以节省较多的利息,但是还款初期往往压力较大,对于收入比较稳定、在贷款前期不能承担较大的支出负担的人群并不合适,比如刚刚毕业参加工作的人最好选择等额本息还款.消费者在购买大宗物品时,应该根据自己的经济实力找到一种最适合自己的消费方式.

但有时购房也不仅仅是一件与钱有关的事情,例如下面的例 4-9,它涉及的方面还很多.

在房屋质量相同的前提下,有些家庭认为买便宜一些的楼盘可以省钱,但是便宜的楼盘往往离市中心较远;而有些家庭却选择楼盘较贵,离市中心近的楼盘.那么,到底选择哪种更为经济呢?我们以距离宁波市中心较近在中山东路三江口附近的"凌江名庭"和镇海高教园区附近的"清泉花园"来进行比较.

例 4-9 "凌江名庭"是每平方米 12 000 元,而"清泉花园"每平方米仅售 5 000 元.有的家庭一看"清泉花园"便宜那么多,就选择了"清泉花园".其实,计算一下,就知道了!

分析 (1)买车.

如果都买一百平方米房的话,那么"凌江名庭"就是 120 万,"清泉花园"是 50 万.一般来说,一套房子要住三四十年,就算 30 年.如果买一辆 15 万元的车,30 年就买两辆(国家规定小型非营运机动车报废年限为 15 年):15×2=30(万);一辆车每年还要交 3 500 元的养路费和通行费:0.35×30=10.5(万);过隧道能节约路上时间,如果天天都过隧道的话,就算每月上班 25 天,每天 10 元钱,30 年就是 0.001×25×12×30=9(万);买车的话,每年还要油费、修车、洗车等,每年最少还要花 1.5 万元,30 年就是 1.5×30=45(万),见表 4-4 和图 4-1 所示.

表 4-4

项目	凌江名庭	清泉花园
买房	1.2×100=120(万)	0.5×100=50(万)
买车	无	15×2=30(万)
养路费	无	0.35×30=10.5(万)
高速公路过路费	无	0.001×25×12×30=9(万)
保养费、油费	无	1.5×30=45(万)
合计	120 万	144.5 万

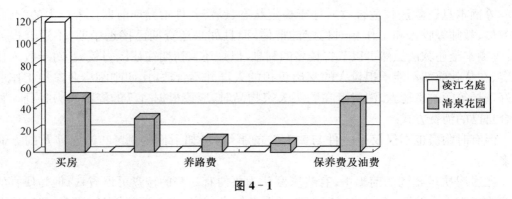

图 4 - 1

这样一算,买"凌江名庭"的房子似乎比买"清泉花园"的房子要划算.

(2)坐车.

假定一家三口人,每人每天上班需两辆公交车(中途转车),则需 $0.6×2×2=2.4$(元)车费(每车 2 元,现公交 A 卡为 6 折),来回需要 $2.4×2=4.8$(元),一个月按 25 天上班时间计算,见表 4 - 5 和图 4 - 2 所示.

表 4 - 5

项目	凌江名庭	清泉花园
买房	$1.2×100=120$(万)	$0.5×100=50$(万)
坐车	无	$0.00048×3×25×12×30=12.96$(万)
合计	120 万	62.96 万

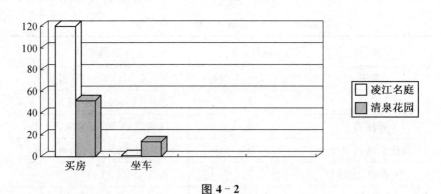

图 4 - 2

如果不买车,每天坐公交车的话,买"清泉花园"的房子就明显比买"凌江名庭"的房子要实惠得多.

第三节　保险与数学

天有不测风云,人有旦夕祸福.在生活中,人们难免遇到意外或不幸、火灾、水灾、疾病、交通事故,难以预计它何时到来,降临到谁的头上.于是,人们建立了保险制度作为安全对策.办法是这样的:参加保险的人预先缴纳少量金钱(保险费)给承保人——保险公司,一旦灾难降临在谁头上,保险公司便支付给他一笔比所交保险费多得多的钱帮他应付局面,弥补损失,这对参加保险者——受保人是有利的.如果他没有遇到灾害,他支出不多,花小钱买了个大平安.一旦发生意外,社会为他提供了生活保障,对承保人也有利.保险公司运用积少成多的保险费可以兴办事业、企业,获取利润.因此,保险已成为现代社会必不可少的一种生活、生命和财产保护的金融理财事业.

例 4-10　财产保险是常见的保险.假定 A 种财产保险是每投保 1 000 元财产,要交 3 元保险费,保险期为 1 年,期满后不退保险费,续保需重新交费;B 种财产保险是按储蓄方式,每 1 000 元财产保险交储蓄金 25 元,保险一年,期满后不论是否得到赔款均全额退还储蓄金,以利息作为保险费.今有兄弟二人,哥哥投保 8 万元 A 种保险一年,弟弟投保 8 万元 B 种保险一年.试问:兄弟二人谁投的保险更合算些?(假定定期存款 1 年期利率为 4.14%)

分析　哥哥投保 8 万元 A 种财产保险,需交保险费:
$$80\ 000 \div 1\ 000 \times 3 = 80 \times 3 = 240(元).$$

弟弟投保 8 万元 B 种财产保险,需交保险费:
$$80\ 000 \div 1\ 000 \times 25 \times 0.041\ 4 = 82.8(元).$$

兄弟二人相比较,弟弟少花了保险费约 240 - 82.8 = 157.2(元),因此,弟弟投的保险更合算些.

保险的基本原则是收支等价原则.保险公司的收入是大家每年缴纳的保险费和保险费集中后产生的利息.支出则包括管理费用与发生事故后支付的保险金.在收入当中,银行利率是不确定的;在开支当中,事故发生的时间、损失多少,都是不确定的.根据收支等价原则,可以求出应收的保险费的数额.另外,为了预防收不抵支,保险公司要有一定的储备——义务储备金.

例 4-11　有 3 000 个同一年龄段同一社会阶层的人参加某保险公司的人寿保险.根据以前的统计资料,在 1 年里每个人死亡的概率为 0.000 1.每个参加保险的人 1 年付给保险公司 100 元保险费,若死亡,则其家属从保险公司领取 20 000 元.分析保险公司亏本的可能性(不计利息).

分析　假设这 3 000 人中有 a 个人死亡,则保险公司亏本当且仅当 20 000a > 3 000 × 100,即 a > 15.

由表 4-6 和图 4-3 知,当 $a>4$ 时,保险公司亏本的概率已经为 $1-0.999\,984\,3\approx$ $0.000\,01$,则当 $a>15$ 时,保险公司亏本的概率必小于 $0.000\,01$.可见,保险公司亏本几乎是不可能的.

表 4-6

死亡人数 a	概率
0	0.740 807 1
1	0.222 264 4
2	0.033 331 9
3	0.003 331 3
4	0.000 249 6
总计	0.999 984 3

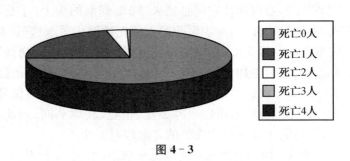

死亡0人
死亡1人
死亡2人
死亡3人
死亡4人

图 4-3

对保险公司来说,保险费收太少了,获利将减少;保险费收太多了,参保人数将减少,获利也将减少.因此当死亡率不变与参保对象已知的情况下,为了保证公司的利益,收多少保险费就是很重要的问题.从而提出如下问题:

例 4-12   对 3 000 个参保对象(每人死亡率为 0.000 1)每人每年至少收多少保险费才能使公司以不小于 0.99 概率每年获利不少于 10 万元?(赔偿费不变,已知保险公司 1 年获利 10 万元几乎是必然的)

分析   假设每人每年所交保险费为 x,则 $3\,000x-20\,000a\geqslant100\,000$,即 $x\geqslant(100+20a)/3$.由表 4-6 知,当 3 000 人中死亡人数不超过 3 人时,公司获利 10 万元的概率已大于 0.99,故 $x\geqslant54$(元),即 3 000 人每人每年交给公司 54 元保险费,保险公司将以不小于 0.99 的概率获利不少于 10 万元.

由于保险公司之间竞争激烈,为了吸引参保者,保险费还可以再降低,比如 25 元,只要不亏本就行.因此考虑如下问题:

例 4-13   在死亡率与赔偿费不变的情况下,每人每年交给保险公司 25 元保险费,保险公司至少需要吸引多少个参保者才能以不小于 0.99 的概率不亏本?

分析   假设参保人数为 y,a 仍为死亡人数,则 $25y-20\,000a\geqslant0$,即 $y\geqslant800a$.当死亡人数 $a=1$ 时,$y\geqslant800$,概率为 0.073 86,无人死亡时概率为 0.923 11,则当有 800 个人参保时,保险公司亏本的概率必小于 $1-0.073\,86-0.923\,11=0.003\,03<0.01$.

所以保险公司只需吸引 800 个人参保,就能以不小于 0.99 的概率不亏本.

可见,通过数学的概率分析,确实能深入了解保险公司其中运作的奥秘.

例 4-14   如果你准备现在为刚刚出生的孩子买一份人寿保险,需要缴纳保险金 1 万元,保险公司承诺在满 60 年后,也就是在孩子满 60 岁的时候,一次性返还给你的孩子 10 万元,在银行存款年利率 5‰ 的情况下,这种保险值得买吗?

分析 方法一:比较 1 万元的终值.在复利方式下,将数据代入资金终值计算公式得:

$$P_{60} = A(1+r)^{60} = (1+0.05)^{60} \approx 18.679(万元).$$

光从 60 年后的终值 18.678 万元来看,显然高于保险公司返还的金额 10 万元,单从这方面考虑不值得买,但如果考虑保险公司承担的风险,就另当别论了.

方法二:比较 10 万元的现值

$$A = P_{60}(1+r)^{-60} = 10(1+0.05)^{-60} \approx 0.5354(万元).$$

而要交的现钱是 1 万.如果计算收益率的话,这种保险的年收益率还不到 4‰.

第四节 经济最优化

在经济问题中,常常会使用变化率的概念,变化率又分为平均变化率和瞬时变化率.平均变化率就是函数增量与自变量增量之比,函数 $y=f(x)$ 在 $(x_0, x_0+\Delta x)$ 内的平均变化率为 $\frac{\Delta y}{\Delta x}$,如我们常用到年产量的平均变化率、成本的平均变化率、利润的平均变化率等.瞬时变化率就是函数对自变量的导数,即当自变量增量趋于零时平均变化率的极限.

$$\lim_{\Delta x \to 0} \frac{f(x_0+\Delta x) - f(x_0)}{\Delta x} = f'(x_0).$$

在经济学中,一个经济函数的导数称为该函数的边际函数. $f(x)$ 在点 $x=x_0$ 处的导数 $f'(x_0)$ 称为 $f(x)$ 在点 $x=x_0$ 处的变化率,也称为 $f(x)$ 在点 $x=x_0$ 处的边际函数值,它表示 $f(x)$ 在点 $x=x_0$ 处的变化速度.

现设 $y=f(x)$ 是一个可导的经济函数,于是当 $|\Delta x|$ 很小时,

$$f(x+\Delta x) - f(x) = f'(x)\Delta x + o(\Delta x) \approx f'(x)\Delta x.$$

特别地,当 $\Delta x=1$ 或 $\Delta x=-1$ 时,分别给出

$$f(x+1) - f(x) \approx f'(x), f(x) - f(x-1) \approx f'(x).$$

因此,边际函数值 $f'(x_0)$ 的经济意义是:经济函数 $f(x)$ 在点 $x=x_0$ 处,当自变量 x 再增加 1 个单位时,因变量 y 的改变量的近似值,近似于经济函数值 $f(x_0)$ 与 $f(x_0-1)$ 之差.但在应用问题中解释边际函数值的具体意义时,常略去"近似"两字.

例 4-15 某工厂生产一批产品的固定成本为 2 000 元, 每增产 1 吨产品, 成本增加 50 元, 设该产品的市场需求规律为 $Q=1\,100-10P(P$ 为价格), 产销平衡, 如图 4-4 所示, 试求:

(1) 产量为 100 吨时的边际利润;

(2) 产量为多少吨时利润最大?

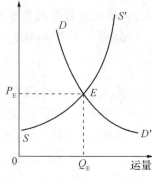

图 4-4 均衡价格示意图

解 由于 $P=110-\dfrac{Q}{10}$, 故总收入为 $R=PQ=110Q-\dfrac{Q^2}{10}$,

总成本 $C=2\,000+50Q$, 总利润 $L=R-C=60Q-\dfrac{Q^2}{10}-2\,000$,

边际利润为 $L'=60-\dfrac{Q}{5}$.

当产量为 100 吨时, 边际利润为 $L'(100)=60-\dfrac{100}{5}=40$.

其经济意义是: 在产量为 100 吨的基础上, 再生产 1 吨产品, 利润将增加 40 元.

(2) 令 $L'=0$ 得 $Q=300$ 吨. 由于 $L''<0$, 故当产量为 300 吨时, 利润最大.

另外, 作为企业的管理者, 必须了解市场需求, 确定尽可能合理的产品单价, 以避免供过于求或供不应求的状况发生, 这就要研究商品的均衡价格.

均衡价格是指一种商品需求量与供给量相等时的价格. 这时该商品的需求价格与供给价格相等, 称为均衡价格; 该商品的需求量与供给量相等, 称为均衡数量. 在市场上, 由于供给和需求的相互作用, 市场价格趋向于均衡价格. 如果市场价格高于均衡价格, 则市场上出现超额供给, 超额供给使市场价格趋于下降; 反之, 如果市场价格低于均衡价格, 则市场上出现超额需求, 超额需求使市场价格趋于上升, 直至均衡价格. 因此, 市场竞争使市场稳定于均衡价格. 在均衡价格水平下的相等的供求数量被称为均衡数量. 从几何意义上说, 一种商品市场的均衡出现在该商品的市场需求曲线和市场供给曲线相交的点上, 该交点被称为均衡点. 均衡点上的价格和相等的供求量分别称为均衡价格和均衡数量.

例 4-16 已知某产品的需求函数为 $Q_d=60-2P$, 供给函数为 $Q_s=-30+3P$, 求该产品的均衡价格和均衡数量.

解 $60-2P=-30+3P$,

$\qquad\qquad P=18$,

$\qquad\qquad Q_d=Q_s=24$.

答 该产品的均衡价格为 18 元, 均衡数量为 24 件.

数学与现代生活

第五节　消费与数学

理财是生活的一部分,理财不能完全靠投资,能在基本生活消费中掌握理财的奥妙,量入为出、合理开支、减低成本、科学消费、获取最大收益,这是理财教育的基本意义所在. 在理财教育中,为培养学生科学的消费观,应教育学生从本国国情及家庭财力出发,适度消费、信贷消费,懂得消费也是一种投资,只要这种消费有利于个人的发展和社会的进步,那就值得,这就是最佳效益意识,也是数学中所谓的最优化思想.

例 4-17　选购灯泡:一种是 0.015 千瓦的节能灯泡,售价 15 元;另一种是 0.06 千瓦的白炽灯泡,售价 2 元. 两种灯的照明效果一样,使用寿命也相同,为 3 000 小时. 节能灯售价高,但是比较省电;白炽灯售价低,但是用电多. 现电费是 0.52 元/千瓦时.

某人计划用 3 500 小时,则需要购买两个灯,请设计选灯方案.

分析　见表 4-7 所示.

表 4-7

方案	费用
全用 0.015 千瓦的节能灯泡,共 2 只	$15 \times 2 + 3\ 500 \times 0.015 \times 0.52 = 57.3$(元)
全用 0.06 千瓦的白炽灯泡,共 2 只	$2 \times 2 + 3\ 500 \times 0.06 \times 0.52 = 113.2$(元)
先用 1 只 0.015 千瓦节能灯泡点 3 000 小时,再用 1 只 0.06 千瓦的白炽灯泡点 500 小时	$15 + 2 + 3\ 000 \times 0.015 \times 0.52 + 500 \times 0.06 \times 0.52 = 56$(元)
先用 1 只 0.06 千瓦的白炽灯泡点 3 000 小时,再用 1 只 0.015 千瓦的节能灯泡点 500 小时	$2 + 15 + 3\ 000 \times 0.06 \times 0.52 + 500 \times 0.015 \times 0.52 = 114.5$(元)

通过对比,第三种方案最省钱:先用 1 只 0.015 千瓦的节能灯泡点 3 000 小时,再用 1 只 0.06 千瓦的白炽灯泡点 500 小时.

例 4-18　超市购物:三江超市会员卡为九五折;运来超市某天抽奖销售,设一等奖 1 名,价值 5 000 元电脑,二等奖 2 名,价值 2 000 元手机,三等奖 5 名,价值 500 元 MP3,四等奖 10 名,价值 100 元手机话费卡,五等奖 500 名,价值 10 元小礼品. 相比较而言,似乎抽奖销售更吸引顾客,深入分析,其实不然.

分析　假设超市一天有 20 000 名顾客,平均每人消费 100 元,见表 4-8 所示.

表 4-8

超市	超市活动付出(元)	平均每位顾客享受优惠(元)
三江超市	100×20 000×(1−0.95)=100 000	100 000÷20 000=5
运来超市	1×5 000+2×2 000+5×500+10×100+500×10=17 500	17 500÷20 000=0.875

显而易见,九五折优惠大大利于抽奖销售.利用数字计算,商家利益就能看得一清二楚了.

例 4-19 笔者去年买了一双皮靴,在比较两家商场的打折优惠后有所感想,也可作为一个例子呈现.皮靴原价 1 080 元,新银泰百货活动是满 200 减 100,新世界百货活动是满 400 减 200.乍一看,都是减一半,估算折后价应该差不多,计算一下,其实不然.

分析 见表 4-9 所示.

表 4-9

商场	活动	折后价
新银泰百货	满 200 减 100	1 080−1 000÷200×100=580(元)
新世界百货	满 400 减 200	1 080−800÷400×200=680(元)

可见,对于商家活动不能只看表面,利用数学这个生活工具,会使结果更有效.在消费时,要用精明的数学眼光分析商家的策略,不要受商家误导或一时冲动,这样不断地反思、改进,渐渐就能形成良好的消费习惯,理财能力也会随之而提高.

为促进消费者的消费力度,现在各大商场与多家商业银行为消费者提供各种类型的信用卡."零首付零利息"是各大银行信用卡消费常使用的诱人宣传口号,这无意中培养了一大批没有固定收入的年轻消费人群.天下没有免费的午餐,也不会有免息的借款.

对于信用卡分期付款,虽然银行大肆宣传说"免息"甚至"免首付",但是有一项费用是不可免的,那就是手续费.手续费的标准一般以分期的期数来确定,按月收取.

例 4-20 王小姐在某商场购买 12 000 元的商品,分 12 期付款,月手续费率是 0.60%,每期月还 1 000 元.试问:王小姐每月实际偿还的金额是多少呢?最终王小姐为该商品支付的金额又是多少呢?

分析 信用卡手续费是一个固定金额,即:商品价格×手续费率,不会随你的欠额的减少而相应调整.所以王小姐每月实际偿还的金额是 1 000+12 000×0.6%=1 072(元),最终为该商品支付的总金额是 1 072×12=12 864(元).如果我们不考虑其他因素,可折算出王小姐该贷款的名义年利息率为 7.2%,比现行的 5 年以上的贷款基准利率 5.94%还要高,并且随着支付次数增加,到最后一个月,实际上王小姐只欠银行 1 000 元,但银行仍按 12 000 元收取手续费,所以持卡人真正要支付的年利息率会更高.

【小建议】 信用卡的信贷消费一般分为如下三个阶段:第一阶段,免息阶段,意在培养信用卡消费群;第二阶段,消费者必须为消费承担部分利息,多以手续费形式出现;第三阶段,消费者完全承担利息.从消费者的角度我们可以提供以下一些建议:巧用免息期,现在人们多是一手持多卡,如果尽可能地在银行记账日开始消费,比如招商银行信用卡还款日为每月 25 日,而记账日是 7 日,如果你选择在 7 日开始消费,那么 7 号当天的消费将出现在下个月 7 号的账单上,最迟可以到下月 25 号还,那么你就可以享受长达 47 天的免息期,从而延长还款时间.这样做的麻烦就是,你必须记清楚每一张信用卡的还款日期和记账日期,否则就会造成账目混乱,结果就是必须无条件向银行支付逾期费用.量力而行,支付期数不易太多,手续费与分期数成正比关系,所以作为消费者的我们最好还是勒紧一下裤腰带,尽可能地在最少的期数内还完贷款.否则,等待你的支付总额将是一个雪球,越滚越大.电子商品慎用分期付款,这是由电子产品的更新换代频率之高、价格跌幅之大决定的,当你辛辛苦苦在一年内偿付完贷款之后,猛然发现你所心仪的商品已经下降了很多.所以作为消费者,在选择信贷时,各类信用卡的最长免息期、分期金额、分期次数、手续费率都是必须考虑的因素.计算分期付款后你总共要付出多少钱,与全额付款作一个对比,再做决定.

第六节　购股与数学

　　眼下,全民皆股已成为一种时尚.但股市的最大特点就是不确定性,机会与风险是并存的.一个普通的投资者,如果不能对投资的股票作深入的分析,再没有好的资金管理策略,仅仅靠碰运气的话,大多数人是注定要亏损的.所以我们需要以谨慎的态度对待购股.

　　假设任何一只股票在买入时涨跌的概率都是 50%(即买两次股票,一次涨,一次跌),而可能的涨跌幅度都是一样.例如,涨跌幅度都是 10%.一个投资者第一次投资赚 10%,资金变为原始资金的 1.1 倍,而第二次投资赔 10%,则资金变为原始资金的 $1.1 \times 0.9 = 0.99$,一赚一赔后,资金量已经小于原始资金量.如果再来这样一个回合,资金量继续缩小为 $0.99 \times 0.99 = 0.980\ 1$,见表 4-10 所示.

表 4-10

	赢(+)亏(一)	资金(原始资金为 1)
第一次	+10%	$1 \times (1+10\%) = 1.1$
第二次	-10%	$1.1 \times (1-10\%) = 0.99$

	赢（＋）亏（－）	资金（原始资金为1）
第三次	＋10％	0.99×（1＋10％）＝1.089
第四次	－10％	1.089×（1－10％）＝0.980 1

以上分析并没有考虑交易成本,如果考虑的话,则亏损得更多.

应对方法:

(1) 加强分析能力,如果能做到三次投资中两次赢利,一次亏损,即可以跳出这个怪圈;

(2) 加强资金管理,如果能做到赢利时赢足 10％,亏损时亏到 5％就认赔出局,也可以扭转这个不利局面.

与股票投资相比,效益相对稳定的基金投资一直备受国内个人投资者的推崇,基金有收益稳定、风险较小的优势和特点,能由此获得较理想的收益.

从投资理财的角度上说,要进行适当的投资组合,懂得"不要把鸡蛋放在一个篮子里"的道理,在理财中既要追求最高收益,又要避免风险. 但这也不是绝对的,分散投资,固然有利于规避风险,但也可能造成亏赢相抵、毫无收获的情况,在特定情况下,也可以孤注一掷,所谓"一鸟在手,胜过十鸟在林",说的就是这个意思.

第七节　博弈与数学

博弈又称博戏,是一门古老的游戏. 千百年来,博弈更是与人们的生活紧紧相连,从围棋、象棋到马吊、纸牌,一直到各种各样的彩票游戏. 于是,在历史的长河中就形成了别具风情的博弈文化. 博弈游戏作为一种社会现象,源远流长,有温文尔雅的棋戏,亦有路边随处可见的游戏. 对于这些游戏,有些人已经能认识到这无非就是一个骗局,而有些人却不以为然,他们总觉得在其中还是有利可图. 西方国家早已认识到把数学概率应用于博弈游戏中,现就此作一分析.

例4–21　有这样一种博弈游戏:一个笼子里装了三粒骰子. 把笼子摇一摇,停下来,三粒骰子各现出一个点数. 参加游戏的人每次花 1 元钱买票,并且认定一个点数. 比如,他认准"2". 如果有一粒骰子出现"2",他就从游戏主持人那里赢回 1 元钱;运气好一点,两粒骰子同时出现"2",他赢回 2 元;三粒骰子都是"2",赢回 3 元. 同时,主持人还再退他 1 元票钱!

这似乎是公平的游戏. 如果深入分析其中的奥秘,其实不然.

分析　每玩一次游戏,参加者赢得的钱数是不确定的,可能是 3 元、2 元、1 元或－1 元. 现共有 6×6×6＝216(种)情况,以表 4–11 分析.

表 4 - 11

盈亏钱数(元)	可能性
3	1/216
2	15/216
1	75/216
−1	125/216

如果所有情形都轮一遍,参加者平均每次赢得钱数为

$3×1/216+2×15/216+1×75/216+(−1)×125/216＝−17/216$(元),

即平均每次输去 17/216 元. 这么一算,可见多数参加者总是要赔钱,而游戏主持人一定不会赔钱.

例 4 - 22 博弈中有一种常见的玩法:把两颗骰子(如图 4 - 5)掷出去,以每个骰子朝上的点数之和作为赌的内容. 已知骰子的六个面上分别为 1～6 点,那么,赌注下在多少点上最有利?

分析 见表 4 - 12 所示.

表 4 - 12

点数	1	2	3	4	5	6
1	2	3	4	5	6	7
2	3	4	5	6	7	8
3	4	5	6	7	8	9
4	5	6	7	8	9	10
5	6	7	8	9	10	11
6	7	8	9	10	11	12

图 4 - 5

两个骰子朝上的面共有 36 种可能,点数之和分别可为 2～12 共 11 种. 从表 4 - 10 中可知,7 是最容易出现的和数,它出现的概率是 6/36＝1/6,所以赌注下在 7 点上最有利.

博弈游戏是理财的一种,但它是投机的,分析其中奥秘便可知这种博弈游戏大多数只是一种"碰运气"的骗局,并不是一种理想的理财方式.

博彩也是博弈的一种,而彩票正是建立在机会均等的基础之上,它使穷人和富翁的距离变得不再遥远,"取之于民,用之于民". 近年来,"彩票飓风"席卷中华大地,巨额诱惑使越来越多的人加入到"彩民"的行列. 彩票中的数学问题,简单来说主要就是一个中奖概率的问题.

例 4-23 某彩票由 6 位号码组成,每个位置上的号码可以从 0～9 中任取,只有当 6 位号码全对时,才能中一等奖,则一等奖的概率为多少?

分析 由概率知识可知,6 位号码组成的 6 位数字共有 1 000 000 种.而每次开奖,开出的每一个 6 位数字都是等可能的,所以中一等奖的概率为 $P = 1/1\ 000\ 000$.这种类型的彩票与"传统型"彩票比较类似.

还有一种较流行的类型是"乐透型"彩票,有多种不同的形式.

例 4-24 "33 选 7"的方案:投注时从 1 到 33 中选 7 个号码,7 个号码不重复,当 7 个号码全中时为头奖,则中头奖的概率为多少?

分析 因为 7 个号码不重复,所以用到了排列组合中的组合知识,则中头奖的概率为 $P = 7/33 \times 6/32 \times 5/31 \times 4/30 \times 3/29 \times 2/28 \times 1/27 = 1/4\ 272\ 048$,也就是说理论上每卖出 4 272 048 注才会有一注头奖.

彩号的出现随意性强,本身具有不可预测性,是一种科学刺激的博弈游戏.至今为止,还未发现哪一期特等奖的号码是人为地被预先"研究"出来的.事实上,买彩者"心想"未必一定"事成",重在参与、科学购彩、理智对待才是关键.

实践与思考

1. 妈妈想积攒够 6 年后小丽上大学所需要的 5 000 元的学费,她选择一个年利息率为 4.21% 的银行存储.求:小丽妈妈现在应该存储多少钱才能确保 6 年后积攒够上大学所需要的费用?

2. 假设存入一个账户的本金是 3 000 元,年利息率是 4%.求:10 年后账户上总共有多少钱?

3. 某人在年利息率为 6% 的一个账户上存入 1 000 元,如果复利按季计算的话,32 年后他的账户应有多少钱?

4. 因为购买房产,你需要在 20 年内偿还一份金额为 80 000 元的房贷,银行提供的年利息率是 8%.求:你每月需要还贷款多少钱?

5. 某人向工商银行贷款 50 000 元,10 年还清,月利息率是 4.2‰.求:所付总金额是多少?

6. 结合自身情况,选择一份适合自己的保险单.

7. 你是信贷一族吗?信用卡消费时,你应注意哪些因素才可以让自己更受益呢?

8. 经某市人民政府同意,由某市募委会承办的以"扶贫济困送温暖"为主题的福利彩票销售活动将于 3 月 28 日上午 9 时隆重举行,发行时间 3 天,共发行 1 200 万元福利彩票,每张彩票面值为人民币 2 元.这次摸奖所设奖项见表 4-13 所示.

表 4 - 13

奖级	中奖名额	奖品(金)名称	中奖符号
特等奖	15	人民币 18 万元	AAAAA
一等奖	150	人民币 9 980 元	BBBBB
二等奖	120	人民币 5 000 元	CCCCC
三等奖	750	人民币 1 000 元	DDDDD
四等奖	48 000	人民币 10 元	EEEEE
五等奖	450 000	人民币 2 元	FFFFF

此次活动所筹集的资金将用于市级社会福利设施的改善、城市特困学生和城区特困残疾职工家庭等的补助. 试考虑以下问题:(1)获得特等奖金究竟有多大机会?(2)能获得 2 元以上奖金的可能性有多大?(3)试估计这次募捐能筹集多少钱?

9. 从一个孩子出生,父母就计划为孩子以后的大学教育申请一份免税账户. 假如该账户的年利息率为 8%,复利按年计算,为到孩子 18 岁时能够存够 60 000 元,求父母现在需要存储多少钱?

10. 假设你为买车申请了一份分期贷款,贷款的金额是 10 000 元,年利息率是 18%,你同意在 4 年内还清. 求:你每月的支付金额是多少?

11. Donyelle 在一个保险公司有一份退休计划,他可以选择为期 20 年,每月支付 350 美元,也可以选择一次性支付 40 000 美元. 假设年利息率为 9%,问:哪个选择更好?

12. 美国人杰克在买彩票时中了大奖,他可以在今后的 30 年中每年获得 200 万美元,总金额 6 000 万美元. 当他仅以 2 100 万美元的价格卖掉这张彩票,并将钱存入银行,每年得到 10% 的利息收入时,很多人感到迷惑,也很惊讶,杰克的这种行为是否很愚蠢呀?

数学与政治生活有何关系？可能很多人会认为没有关系！美国为什么采用三权分立的权力分配方法，为什么不是两权、四权？你能想到原因吗？答案是欧氏几何里面有一个著名的也是大家都熟悉的定理：三角形的任意两边之和大于第三边.

事实上，政治的开明会促进数学的繁荣，而数学也能为政治决策提供方法. 从某种意义上讲，一方面，数学和政治一样都是可能性的艺术，从事这两项工作的人都需要冒险和勇气，他们面对复杂的问题都需要依赖直觉和运气；另一方面，数学和政治也都有自身的局限，一个伟大的数学家和一个伟大的政治家在他们各自领域之外的经验和智慧都是有限的，他们对非数学和非政治的忠告的价值也是有限的，这种局限性迫使他们和大众有了距离.

古希腊的"数学之神"阿基米德很被国王所倚重，当国王遇到难以解决的困难时，总会想到阿基米德，著名的"皇冠疑案"就是例证. 或许有人会不以为然，这件事不足以说明"国王倚重数学之神". 那么，当波斯人大举入侵时，举国上下都想到阿基米德，数学之神也不负众望，用智慧打退了敌人的进攻，这件事应足以证实"国王倚重数学之神"了吧！连他们的敌人也惊呼："我们在和数学家打仗！"古希腊人研究数学、哲学、天文、音律蔚然成风，因此古希腊文明领先于世界上其他的古代文明.

法国是数学强国，18、19 世纪曾领先于其他发达国家. 与数学同步发展的政治事件是法国资产阶级革命（1789～1799）的爆发，当时法国人提出的口号是：自由、平等、博爱. 在此前后如群星般出现了大批的数学家，著名的有拉格朗日（J. L. Lagrange，1736～1813）、蒙日（G. Monge，1746～1818）、拉普拉斯（P. S. Laplace，1749～1827）、勒让德（A. M. Legendre，1752～1833）、卡诺（L. N. M. Carnot，1753～1823）、傅里叶（B. J. Fourier，1768～1830）、杜班（P. C. F. Dupin，1784～1873）、彭色列（J. V. Poncelet，1788～1867）、柯西（B. A. L. Cauchy，1789～1857）、拉梅（G. Lame，1795～1870）、伽罗华（E. Galois，1811～1832）等人，其取得的成果占当时世界重大数学成果总数的一半以上，可说是光照史册.

作为自由社会的公民，我们有权利和义务在选举中通过选票来表达我们的发言权. 我们除了可以投票选举我们支持的政治领导人和代表外，还可以表决其他的事情. 例如，我们应该通过一个清洁水和空气所需要的严格标准吗，甚至这样做会提高税收吗；在高速公路上,哪里设置出道口将对当地居民的打扰降至最小;为顺应不断增长的学生人数,哪里是建设学校的最好位置. 这些仅仅是影响我们生活的有关政治、经济和环境的众多决定中很少的一部分.

如果只有两个选项,那么很容易决定谁是获胜者:获得多数选票的选举者获胜. 这种投票选举系统,因它的"多数"原则而出名. 然而,当存在多于两个以上的选项时,确定获胜者将会变得很复杂. 我们遇到的大多也是超过两个以上选项的情况. 联邦领导、年度新人、学术奖等选举中,我们想知道的是:什么是指导选举的最好方法.

这个问题的答案并不简单. 在本章,我们将会了解到多种多样的选举方法,以及在每个方法中获胜者是怎样选举出来的. 我们将研究这些方法的公平性,并且弄明白一些稀奇古怪的构造进入选举系统后是怎样影响到我们的决定的. 例如,你将看到一个令人惊奇的例子,为了赢得一个选举,候选人说:"请投我反对票,我就可以获胜."在本章末尾,我们也将研究不同的加权投票制方法,因为每个选民有不同的加权数量;你也将学会几种测量选举人在选举体系中的权力的方法.

<hr>

第一节　选举方法

为了弄明白我们为什么研究选举理论,让我们来回顾一下 1992 年在美国得克萨斯州的总统选举结果. 当最终的票数统计出来后,乔治·布什获得 2 496 071 票,比尔·克林顿获得 2 281 815 票,罗斯·佩罗获得 1 354 781 票. 如果我们使用数学,会发现尽管布什只拥有大众选票的 41%,但他却赢得得克萨斯州选举人的 32 票;从另一个角度看,59%的选民对布什投反对票,然而他却赢得了得克萨斯州的竞选.

对许多人来说,这种结果是很令人苦恼的. 这样看起来一场选举的获胜者的决定不仅和所获选票的总数有关,还和我们认同这些选票的方式有关. 几个世纪以来,关于什么样的选举应该给予指导,各种各样的方法已经提出来了. 该部分我们将解释几种选举方法. 在第二节中我们将研究各个方法的特点.

一、多数选票法

多数选票法是确定一场选举结果最简单的方法. 每一个选民为他或她最喜爱的候选人投票,获得最多选票的人就是获胜者.

例 5-1　使用多数选票法确定获胜者.

第 33 届 UCL(United Labor Council)首席长官候选人的选举结果见表 5-1 所示.

表 5-1 选举结果

候选人	票数
Ann	10
Ben	9
Carim	11
Doreen	3

使用多数选票法确定谁是该次选举的获胜者呢?

解 因为获得最多选票的候选者将被宣布是获胜者,本次选举获胜的是 Carim.

二、博尔达计数法

例 5-2 在上面的选举中,如果我们采用博尔达计数法,选举的获胜者还会是 Carim 吗?

博尔达计数法允许选民指定第一选择,但也有第二选择、第三选择,以此类推.

如果在一场选举中有 K 个候选人. 投票后,根据每一位候选人所获得的票数对他们进行排名. 这样第一被选举的(即获得票数最多的)将会获得 K 分,第二名将会获得 $(K-1)$ 分,第三名将会获得 $(K-2)$ 分,依次类推,总分最高者将赢得选举.

在上面的 ULC 选举中,我们可以使用博尔达计数法. 首先根据选票数对候选人进行排名,即所获得的票数意味着候选人的优先权. 第一是 Carim(C),其次是 Ann(A),然后是 Ben(B),最后是 Doreen(D). 这样的投票叫优惠票. 在 33 个选民中,有些人的优惠票可能是一样的,因此在选票的汇总中,我们会对一致的优惠票进行分组,加速计算过程.

表 5-2 ULC 选举的优惠票表格

优先权	票数					
	6	7	5	3	9	3
1st	C	A	C	A	B	D
2nd	A	C	D	D	A	A
3rd	B	B	B	B	D	C
4th	D	D	A	C	C	B

解 在表 5-2 中,每一列顶部的数字表明了有多少选民给该列的候选人投了特定的优惠票. 例如"6"表明有 6 个人将优惠票第一给了 Carim,第二给了 Ann,第三给了 Ben,第四给了 Doreen. 我们可以发现,Carim 获得了 11 张第一的优先权选票,Ann 获得 10 张,Ben 获得 9 张,Doreen 获得 3 张. 然而鉴于要使用博尔达计数法,我们将为候选人所获得的第一优惠票分配 4 分,第二优惠票分配 3 分,依次类推. 我们总结的总分值见表 5-3 所示:

表 5 - 3 使用博尔达计数法进行 ULC 选举的得分表格

候选人	分 值				
	第一选票×4(分)	第二选票×3(分)	第三选票×2(分)	第四选票×1(分)	总分值
A	10×4＝40	18×3＝54	0×2＝0	5×1＝5	99
B	9×4＝36	0×3＝0	21×2＝42	3×1＝3	81
C	11×4＝44	7×3＝21	3×2＝6	12×1＝12	83
D	3×4＝12	8×3＝24	9×2＝18	13×1＝13	67

我们检查结果,可得是 Ann 赢得选举.

因为两种方法的结果可能是不同的,你可能想知道为了确定 ULC 的首席长官.多数选票法和博尔达计数法哪种方法是正确的? 哪一个更恰当呢? 我们对这个问题暂不做回答.

三、"多数—淘汰"法

例 5 - 1 中 ULC 选举使用**多数选票法**所获得的结果见表 5 - 1 所示.

有人可能会这样认为:既然 Doreen 在选举中远远落后于其他三个候选人,我们可以淘汰她,对 Ann,Ben,Carim 三人进行新一轮选举.如果在第二轮的选举中没有候选人获得绝大多数的票(超过 50%)的话,这时我们可以再次淘汰票数最少的候选人,进行第三轮的竞选.这种选举方法叫做"多数—淘汰"方法.

每个选民为一个候选人投票,获得绝大多数选票(一般规定是超过总的有效票数的50%)的候选人将成为获胜者.如果没有一个候选人获得绝大多数选票,这时淘汰获得票数最少的候选人,进行新一轮的竞选,继续这个过程,直至获得绝大多数选票的候选人出现.

为了避免选举中一些不必要的重复,我们可以简化淘汰过程.假设每一选民都有有关所有候选人的排行榜,我们可以使用博尔达计数法中的方法制作一个优惠票表格.当然,我们对这个表格的使用将不同于在博尔达计数法中的使用.

在这个方法中,我们假设一旦选民为每一候选人排名后,在整个一系列的选举中这个排名将不会改变.也就是说,如果一个选民在一轮选举中喜欢 Ann 超过 Doreen,喜欢Doreen超过 Ben,如果 Doreen 被淘汰,那么在第二轮的选举中该选民喜欢 Ann 超过 Ben.

例 5 - 3 使用"多数—淘汰"法确定 ULC 的获胜者.

解 有关该选举的优先权表格见表 5 - 2 所示.

从表 5 - 2 我们可以看出,第一优惠票 Doreen 仅仅获得 3 票,因此她将被淘汰,再进行新一轮的选举.值得注意的是,我们假设从一轮到下一轮的选举中选民对所有候选人的优惠票没有改变.例如,因为已有 3 个选民将第一优先权投给 Doreen,然而 Doreen 现在已经被从选举中淘汰,所以这 3 个选民会将第一优先权投给 Ann.当 Doreen 从表的每列中撤掉后,调整方法是在每一含 Doreen 的列中,将位于下面的候选人上移到上一组. 通过淘汰 Doreen我们得到表 5-4.

表 5-4 ULC 选举中将 Doreen 淘汰后的优惠票表格

优先权	票数					
	6	7	5	3	9	3
1st	C	A	C	A	B	A
2nd	A	C	B	B	A	C
3rd	B	B	A	C	C	B

我们将表 5-4 中相同的列合并可得到表 5-5.

表 5-5 ULC 选举中有三个候选人的优惠票表格

优先权	票数				
	6	10	5	3	9
1st	C	A	C	A	B
2nd	A	C	B	B	A
3rd	B	B	A	C	C

从表 5-5 中我们可得:Ann 获得 13 张第一优先权选票,Ben 获得 9 张,Carim 获得 11 张,因此 Ben 将被淘汰,进行第三轮的选举. 表 5-6 总结了该情况下的优惠票情况.

表 5-6 ULC 选举中将 Ben 淘汰后的优惠票表格

优先权	票数				
	6	10	5	3	9
1st	C	A	C	A	A
2nd	A	C	A	C	C

从表 5-6 我们可得,Ann 获得 22 张第一优先权选票,Carim 获得 11 张,所以 Ann 获得 ULC 选举的胜利.

四、成对比较法

我们一般都本能地认为,一场选举的获胜者应具备能够将其他候选人一个一个击败的能力. 在下面的成对比较法中我们将了解到这方面的情况.

成对比较法就是选民首先对所有的候选人排名. 如果 A 和 B 是一对候选人,我们清点有多少选民喜欢 A 超过 B,无论哪个候选人,获得最多的优先权票将获得 1 分,反之亦然。
如果 A 和 B 是平局,那么将各获得 1/2 分。对每一对候选人都这样进行对比,分配分值。最
后获得最高分的候选人获得选举的胜利。

当我们使用成对比较法时,如果其中一个选民喜欢 A 超过 B,喜欢 B 超过 C,那么他就
喜欢 A 超过 C。在例 5-4 中我们将看到:我们可以使用一个选举方法,就像做选择一样,在
候选人中进行选择。

例 5-4 使用成对比较法确定优先权。

为了确定哪种菜品应添加到菜单,一个快餐连锁店做了一个市场调查,该调查要
求顾客对(T)acos,(N)achos,(B)urritos 的优先权进行排名。连锁店将使用成对比较法
来确定哪种菜品应添加到菜单中。投票的结果见表 5-7 所示,到底连锁餐馆应该选择
哪种菜品呢?

表 5-7　为菜单种类投票的优惠票表格

优先权	票数					
	2 108	864	1 156	1 461	1 587	1 080
1st	T	T	N	N	B	B
2nd	N	B	T	B	T	N
3rd	B	N	B	T	N	T

解 我们必须对(a)T 和 N;(b)T 和 B;(c)N 和 B 分别进行比较。

(a) 在对 T 和 N 的比较中,我们将忽略表 5-7 中所有对 B 的优先权,因此可得有 2 108
+864+1 587=4 559(个)消费者喜欢 T 超过 N。1 156+1 461+1 080=3 697(个)消费者喜
欢 N 超过 T。4 559>3 697,因此我们赋予 T 1 分。

(b) 然后进行对 T 和 B 的比较,我们将忽略表 5-7 中所有对 N 的优先权,因此我们可
得有 2 108+864+1 156=4 128(个)消费者喜欢 T 超过 B。1 461+1 587+1 080=4 128(个)
消费者喜欢 B 超过 T。两者一样,因此我们分别赋予 T 和 B 各 0.5 分。

(c) 最后进行对 N 和 B 的比较,我们将忽略表 5-7 中所有对 T 的优先权,因此我们可
得有 2 108+1 156+1 461=4 725(个)消费者喜欢 N 超过 B。864+1 587+1 080=3 531
(个)消费者喜欢 B 超过 N。4 725>3 531,因此我们赋予 N 1 分。

因此我们可得 T 获得 1.5 分,B 获得 0.5 分,N 获得 1 分,所以 T 获胜。

表 5-8 简要总结了该部分已经讨论的选举方法。

表 5 - 8　四种选举方法简介

方法	获胜的候选人是怎么选出来的
多数选票法	获得最多选票的候选人获胜
博尔达计数法	通过对选民所投候选人的第一、第二、第三等的优先权选票分配一定的分值,然后对所有候选人排名,获得最高分的获胜
"多数—淘汰"法	进行几轮的选举,在每一轮的选举中获得最少选票的候选人将会被淘汰,直到获得绝大多数选票的候选人出现
成对比较法	所有候选人将成对地比较,每对中获得最多优先权的候选人将分配给 1 分(平局的情况下分别获得 0.5 分),在所有候选人都经过比较后,获得最高分者将获胜

这些方法中哪一个最好呢? 遗憾的是,我们所介绍的这几种方法中,每一种都会有几个缺点,在第二节中有详细介绍.

第二节　选举方法的缺陷

在第一节中我们了解到:选举中,用于选举获胜者所使用的方法与每位候选人获得的票数一样重要. 在这部分,我们将研究是否存在一个完美的选举方法来指导选举活动.

我们希望一场选举能够满足以下几个标准:

(1) 绝大多数标准;

(2) "孔多塞"标准;

(3) 独立无关选择标准;

(4) 单调性标准.

我们将根据各个标准的特点讨论哪些方法满足那些标准.

一、绝大多数标准

如果超过一半以上的选民都将某个候选人作为他们的第一选举对象,那么该候选人将获得选举的胜利(即获得超过一半以上的选民的第一优惠选票的候选人将获得选举的胜利).

很显然,多数选票法和成对比较法满足绝大多数标准,然而这与使用博尔达计数法的情况不同. 例如在例 5 - 2 中所展示的情况.

例 5 - 5　博尔达计数法违背了绝大多数标准.

四位作家 Alvarez,Byron ,Cawley 和 Dickson 被提名为今年度最佳短篇小说文学奖的候选人,将有一个三人组成的陪审团确定最后的选举结果.三个陪审团成员的优惠选票的投票结果见表5-9所示.

表5-9

优先权	票数	票数	票数
1st	C	C	D
2nd	D	D	A
3rd	A	B	B
4th	B	A	C

使用博尔达计数法确定获胜者,可以发现该方法所得结果违背了绝大多数标准.

解 根据博尔达计数法,第一优惠选票将获得4分,第二获得3分,第三获得2分,以此类推.表5-10总结了选举结果.

表5-10

候选人	分值				总分值
	第一选票×4(分)	第二选票×3(分)	第三选票×2(分)	第四选票×1(分)	
A	0×4=0	1×3=3	1×2=2	1×1=1	6
B	0×4=0	0×3=0	2×2=4	1×1=1	5
C	2×4=8	0×3=0	0×2=0	1×1=1	9
D	1×4=4	2×3=6	0×2=0	0×1=0	10

使用博尔达计数法确定出的获胜者是 Dickson,然而使用第一优先权选票的绝大多数却投向了 Cawley.

二、"孔多赛"标准

"孔多赛"标准是 Condorcet 侯爵提出来的,能严格而真实地反映多数成员愿望,是一个选举方法值得拥有的属性.该标准认为:当存在2个以上的候选者时,对候选者进行成对比较,若存在某个候选者,他能按过半数规则一一击败其他所有候选人,则他被称为"孔多赛"候选人,应由该候选者当选.

很显然,一个拥有绝大多数第一优先权选票的候选人能够在一对一的选举中击败其他所有的候选人.然而例5-6表明多数选票法可能违背了"孔多赛"标准.

例5-6 多数选票法违背"孔多赛"标准.

由7人组成的判决委员会,使用优惠选票法从 A,B,C 中选举委员会领导人.其优惠选票结果见表 5-11 所示.

表 5-11

1st	A	A	A	B	B	C	C
2nd							
3rd							

使用多数选票法,可得 A 是获胜者.根据"孔多赛"标准,在接下来的选举中让 B 一一击败候选人 A 和 C.

解 因为 A 在前三张投票中击败了 B,我们必须使 B 在后四张选票中击败 A.我们需要按表 5-12 来做.

表 5-12

1st	A	A	A	B	B	C	C
2nd				A	A	B	B
3rd							

这时 B 通过 4:3 击败了 A.我们同样希望 B 在一对一的选举中击败 C.因为 C 目前以 2:0 超过 B,如果我们要使最终 B 击败 C,最后的选票见表 5-13 所示.

表 5-13

1st	A	A	A	B	B	C	C
2nd	B	B	B	A	A	B	B
3rd	C	C	C	C	C	A	A

我们已经知道虽然使 A 赢得了选举,但在一对一的选举中 B 击败了 A 和 C,因此没有满足"孔多赛"标准.

值得一提的是你必须非常清楚地明白我们在例 5-6 中所说的,当我们说多数选票法违背了"孔多赛"标准时,并不是说使用多数选票法的每一场选举都违背了"孔多赛"标准.

三、独立无关选择标准

独立无关选择标准认为:每一轮的选举中去掉失败者的投票不影响竞选的结果.也就是候选人在一轮选举中获胜,那么所有失败的候选人将被从票单中撤掉,这时需要对票单重新排序,而不是进行新一轮的选举.然而在新的票单中获胜的候选人仍应是获胜者.

例 5-7 多数选票法违背了独立无关选择标准.

某州的高级管理委员会为获得建立一个新的运动场的财政,正在投票选举一个提高税收的方法.增加税收的选项有宾馆(H)、乙醇(A)、汽油(G).委员会将使用多数选票法来做出他们的选择.下面的优先权表显示了选举结果(见表5-14).

表 5-14

优先权	票数		
	8	6	6
1st	A	H	G
2nd	G	G	A
3rd	H	A	H

这个选举结果满足独立无关选择标准吗?

解 我们最想知道的是撤掉一个已知选项是否会影响选举结果呢? 如果因为参议院的压力,委员会要撤掉对宾馆的税收,我们可得到如下结果(见表5-15).

表 5-15

优先权	票数		
	8	6	6
1st	A	G	G
2nd	G	A	A

我们看到对汽油增税的选项以12:8赢得选举.因此使用**多数选票法**违背了**独立无关选择标准**.

例 5-8 成对比较法违背了独立无关选择标准.

表5-16简要总结了对候选项A,B,C,D的优惠票投票结果.

表 5-16

优先权	票数			
	8	4	5	1
1st	A	D	C	D
2nd	B	A	B	A
3rd	C	C	B	B
4th	D	B	A	C

使用成对比较法,谁是这个选举的获胜者呢? 如果撤掉一个失败候选项,是否会改变

选举结果呢?

解 对每一候选人,我们需要决定出在一对一选举中的获胜者.表 5-17 展示了选举结果.

表 5-17

	投票结果	获得的分值
A vs B	A 以 13∶5 获胜	A 获得 1 分
A vs C	A 以 13∶5 获胜	A 获得 1 分
A vs D	D 以 10∶8 获胜	D 获得 1 分
B vs C	平局各获得 9 票	B 和 C 各获得 0.5 分
B vs D	B 以 13∶5 获胜	B 获得 1 分
C vs D	C 以 13∶5 获胜	C 获得 1 分

因此可得 A 获得 2 分,B 和 C 各获得 1.5 分,D 获得 1 分.如果我们撤掉候选项 B 和 C,那么优先权表格结果见表 5-18.

表 5-18

优先权	票数			
	8	4	5	1
1st	A	D	D	D
2nd	D	A	A	A

我们可以看到 D 以 10∶8 击败了 A.因为撤掉一些候选项而改变了选举结果,所以该方法违背了独立无关选择标准.

四、单调性标准

在一场选举之前,经常会雇用一些民意调查专家决定候选人的优先权.如果候选人 X 现在排在最前,他可能在接下来的选举中获得的最初反对者支持,那么 X 似乎提高他获得选举胜利的机会.单调性标准认为,如果 X 赢得一轮的选举,并且在新一轮的选举中所有改变选票的选民,都改为支持 X,那么 X 同样会赢得选举.

如果我们使用多数选票法或博尔达计数法.一个赢得一轮选举的候选人,在获得更多支持后,将赢得以后的任一轮的选举.

例 5-9 就是我们在本章开头所描述的例子,为什么选民对你的反对票,却可能成为你赢得选举的有利因素.

例 5-9 "多数—淘汰"法违背了单调性标准.

表 5-19 简要概况国家学生组织主席的优惠选票结果. 该选举的候选人有: Michael Chang, Rukevwe Kwami 和 Anna Woytek, 我们将使用"多数—淘汰"法来决定获胜者. 在选举举行的前一天, 三个支持 Woytek 的支持者曾经喜欢 Chang 超过 Woytek, 不过还是告诉 Woytek 他们将在明天的选举中为她投票. 当天晚些时候, 在和她的一个选举理论专家的伯父谈论过以后, 她打电话告诉那三个新支持者, 还是投票支持 Chang.

如果三个选民改变他们的投票的话, Woytek 将是第一, Chang 第二, Kwami 第三. 为什么这会引起 Woytek 的关注呢?

表 5-19

优先权	票数			
	12	9	3	8
1st	W	K	C	C
2nd	C	W	W	K
3rd	K	C	K	W

解 首先让我们使用表 5-19 决定选举的获胜者, 可得: Woytek 获得 12 张第一优先权选票, Chang 获得 11 张, Kwami 获得 9 张. 因此 Kwami 将会从选举中撤掉, 开始新一轮的选举. 因为在新一轮的选举中选民并没有改变他们的优先权选票, 我们可以简单地撤掉原始表单中的有关 Kwami 的投票, 那么结果见表 5-20 所示.

表 5-20

优先权	票数			
	12	9	3	8
1st	W		C	C
2nd	C	W	W	
3rd		C		W

随着将 Kwami 从表单中的撤掉, 我们可以看到 Woytek 以 21:11 击败 Chang. 现在我们看一下, 如果曾经喜欢 Chang 超过 Woytek 的三个选民改变了他们的选票, 那么在第一次撤掉之前的表单见表 5-21 所示.

表 5-21

优先权	票数			
	15	9	0	8
1st	W	K	C	C
2nd	C	W	W	K
3rd	K	C	K	W

因为 Chang 的第一优先权选票最少,所以他将被撤掉,那么表单变成表 5-22.

表 5-22

优先权	票数			
	15	9	0	8
1st	W	K		
2nd			W	K
3rd	K		K	W

现在我们明白为什么 Woytek 不愿意选民改变他们投票的原因了吧. 在 Woytek 和 Kwami 的新一轮的选举中,Woytek 将会以 15:17 输给 Kwami.

我们已经看到了在第一节中所讨论的每一种方法都违背了一个重要的选举标准. 表 5-23简要概括了我们所知道的选举方法的缺点,并指出是在哪个例子中呈现的. 表5-23中, "Yes"意味着该列陈述的方法满足每行的标准.

表 5-23 选举方法的缺点

	多数选票法	博尔达计数法	"多数—淘汰"法	成对比较法
绝大多数标准	Yes	No 一例 5-5	Yes	Yes
"孔多塞"标准	No 一例 5-6	No	No 一例 5-6	Yes
独立无关选择标准	No 一例 5-7	No	No	No 一例 5-8
单调性标准	Yes	Yes	No 一例 5-9	Yes

因为我们所讨论的所有选举方法都有几个缺点,很自然地我们想知道是否存在一个完美的选举方法. 这个问题,Kenneth Arrow 在 1951 年曾做出过回答. Kenneth Arrow 是 RAND组织的一名研究员,他研究运用于政府事务的决策,列举了一套期望每个合理的选举系统所具有的简单标准.

(1)一个选举方法必须允许至少三个选民为至少三个候选人排名.

数学与现代生活

（2）如果每一个选民都喜欢 X 超过 Y，那么选举方法必须将 X 排在 Y 之前.

（3）没有一个选民可以将它的选举意思强加给其他选民.

（4）选举方法必须满足独立无关选择标准.

Arrow 证明了一个惊人的结果：没有一个选举方法能够同时满足这几个简单的标准.这个定理通常归于 Arrow 的不可能定理.

第三节　加权投票系统

并不是每一个联合国安理会成员都有相同的选举权力. 目前安理会由五个常任理事国（美国、法国、英国、中国、俄罗斯）和十个非常任理事国组成. 它的相关规则是：除非所有常任理事国和至少四个非常任理事国都同意，否则安理会将不能通过一个决议. 还有其他的情况是不同于我们在这章所讨论的选举方法. 例如，当一个法官对罪犯审判时，对一个人 1/11 的控告不足以定罪. 在团体的决策中，一个大股东可能有一个小股东的 40 或 50 倍的选举权. 在本部分中，我们介绍一种方法来测量选举系统中选民的选举权力.

为理解加权投票系统的概念，先来考虑下面的情况. 一个专业的足球队有 5 个股东，每个股东拥有不同数量的股份. Alicia Mendez 和他的儿子各持 26% 的股份，Cart，Dante，Emily 和 Felix 各持 12% 的股份. 我们以 A，B，C，D，E，F 分别代表各个股东. 假设每一位股东所拥有的选举权与他所拥有的股份比例一样. 在这样的组织中进行选举，很明显没有反映"一人一表决"的原则. 事实上 A 和 B 相对于 C，D，E，F 拥有更多的选举权. 如果一个决议规定，一个选举只有超过 50% 的选票才能通过. 我们可以看到，A 和 B 加在一起可以通过他们所希望的任何决议，很明显，C，D，E，F 在他们的决议方面处于弱势.

我们将要研究的加权投票系统的最大特征是接下来的例子中所呈现的. 首先，要通过一个决议必须存在一个选举数目，这个数目叫做限额. 其次，拥有一定数量选票的选民，规定这些数字为选民的权力. 我们将对这些观点做更精确的说明.

一、加权投票系统

拥有 n 个选民，并通过一系列的数字来描述选民的权力. 格式如下：

[限额：voter1 的权力，voter2 的权力，……，votern 的权力].

在该系统中，限额是指一个决议能够通过所必须拥有的票数. 下面的数字叫做权力，是选民所拥有的一定数量的选票.

例 5-10　简述下面每一个加权投票系统.

（1）$[51:26,26,12,12,12,12]$

（2）$[4:1,1,1,1,1,1,1]$

(3) $[14:15,2,3,3,5]$

(4) $[10:4,3,2,1]$

(5) $[12:1,1,1,1,1,1,1,1,1,1,1,1]$

(6) $[12:1,2,3,1,1,2]$

(7) $[39:7,7,7,7,7,1,1,1,1,1,1,1,1,1,1,1]$

解　(1) 这就是我们前面所描述的股东选举系统情况,限额是 51,有 6 个选民,前面 2 个各拥有 26% 的选票.下面 4 个各拥有 12% 的选票.

(2) 该选举系统的情况是:有 7 个选民,每个选民有 1 张选票,因为限额是 4,一个简便的大多数满足就能通过决议.这是一个"一人一表决"的例子.

(3) 在该选举系统中,限额是 14,选民 1 有 15 张选票,他或她拥有对总数的控制,因为其他 4 个选民没有任何权力.我们把选民 1 叫做独裁者(dictator).

(4) 应注意到选票的总数是 10,同时限额也是 10.在这个选举系统中,即使最优权力的选民比其他选民有权力,事实上他或她不可能拥有再多的权力.因为想要通过一项决议,即使最弱选民的支持也是必需的.一个选民可以通过他或她自己来决定通过还是否决一个决议.

(5) 该系统描述了我们常见的法律系统,特别是一些费劲的犯罪案件.因为限额是 12,要想通过一个决议,每个选民必须投票才可以.每一个选民拥有否决权.

(6) 在该系统中,所有票数的总额总小于限额,所以不可能有决议能通过.

(7) 该系统描述的是联合国安理会的表决情况.前面 5 个选民全部通过和后面至少得 4 个选民通过,一个决议才能通过.

二、选民组联盟通过决议

在例 5-10(4)中所描述的重要选举系统的观点是:选民 1 在选举系统中看起来有很大的权力,事实上并非如此.该系统的运作与 $[4:1,1,1,1]$ 一样,但要注意的是一个选民拥有的选票数不同于一个选民通过决议所拥有的权力.为了描述选举系统中权力的概念,我们需要解释更多的定义.

➢ **联盟**:拥有相同选举方式的选民叫做一个联盟.

➢ **联合权力**:在一个联盟中选民拥有的权力总数叫做联合权力.

➢ **获胜联盟**:如果联盟拥有的权力超过或等于限额,那么联盟叫做获胜联盟.例如在加权投票系统 $[4:1,1,1,1,1,1,1]$ 中,任何 4 个或超过 4 个选民组成的联盟都是获胜联盟.

例 5-11　确定获胜联盟.

某镇有两大政党,共和党(R)和民主党(D),还有一些小的独立政党(I).镇议会成员是按政党规模的大小按比例分配的.我们假设:R 在议会有 9 名成员,D 有 8 名,I 有 3 名.传统地,一个政党作为一个独立的团体,决议往往是通过一个简单的大多数来通过.列出所有可能的联盟和他们的权力大小,并且指出谁是获胜联盟?

解 一个联盟是包含了所有政党的集合$\{R,D,I\}$. 一个有 k 个元素的集合,有 2^k 个子集. 因为它们中有一个是空集,但这里的空集无效,因此一个有 k 个选民的集合,可以形成 2^k-1 个可能的联盟. 我们在表 5-24 中列出该集合的所有子集和他们的权力. 因为议会由 20 名成员组成,任何一个联盟拥有 11 或超过 11 的权力将成为一个获胜的联盟.

表 5-24

子集	权力	
$\{R\}$	9	
$\{D\}$	8	
$\{I\}$	3	
$\{R,D\}$	17	获胜
$\{R,I\}$	12	获胜
$\{D,I\}$	11	获胜
$\{R,D,I\}$	20	获胜

有趣的是,即使 I 在议会中只有最少的代表,与 R 和 D 相比,它仍然有与 R,D 一样的获胜次数.

在例 5-11 中,三个政党看起来似乎拥有相同的权力,我们将简单而精确地对这种权力做一下解释. 理解选民的权力的关键是了解为了获胜,多少个联盟需要这个选民. 获胜联盟中的一个选民叫做决定性选民,如果这个决定性选民离开,该联盟将不再能获胜.

例 5-12 确定例 5-11 中获胜联盟的决定性选民.

解 根据定义得出表 5-25.

表 5-25

子集	权力		决定性选民
$\{R\}$	9		
$\{D\}$	8		
$\{I\}$	3		
$\{R,D\}$	17	获胜	R,D
$\{R,I\}$	12	获胜	R,I
$\{D,I\}$	11	获胜	D,I
$\{R,D,I\}$	20	获胜	None

三、班兹哈夫(Banzhaf)权力指数投票权措施

在一个加权投票系统中,一个选民的班兹哈夫(Banzhaf)权力指数是指:

(选民在获胜联盟中是决定性选民的次数)/(所有选民在获胜联盟中是决定性选民的总次数).

例5-13 计算班兹哈夫(Banzhaf)权力指数.

解 在例5-12中我们看到,R,D,I每一个作为决定性选民的次数都是2,因此R的Banzhaf权力指数是2/6=1/3.

同理,D和I的Banzhaf权力指数也是1/3.

例5-14 间接计算Banzhaf权力指数.

在Krook,Cheatum和会员组成的法律公司中,有2个高级同伴(Krook和Cheatum)和4个伙伴(W,X,Y,Z).为改变公司的一个决策,一场选举必须得进行,并且只有得到Krook和Cheatum以及至少2个伙伴的同意改变才能通过.计算该公司每个成员的Banzhaf权力指数.

解 我们可以用:K,C,W,X,Y,Z来代表公司的成员.首先列出该公司成员所能够组成的子集,并确定哪些会获胜.虽然这是一个麻烦的工作,并且不是必需的.我们必须意识到每个获胜子集必须包括{K,C},因此我们需要做的是确定{W,X,Y,Z}所组成的含有2个或以上的子集,并且还得是包含有{K,C}的子集,见表5-26所示.

表5-26

{W,X,Y,Z}所组成的含有2个元素的子集	{W,X,Y,Z}所组成的含有3个元素的子集	{W,X,Y,Z}所组成的含有4个元素的子集
{W,X},{W,Y},{W,Z},{X,Y},{X,Z},{Y,Z}	{W,X,Y},{W,X,Z},{W,Y,Z},{X,Y,Z}	{W,X,Y,Z}

因此公司的获胜子集以及它们的决定性选民见表5-27所示.

表5-27

	获胜子集	决定性选民
1	{K,C,W,X}	K,C,W,X
2	{K,C,W,Y}	K,C,W,Y
3	{K,C,W,Z}	K,C,W,Z
4	{K,C,X,Y}	K,C,X,Y

	获胜子集	决定性选民
5	{K,C,X,Z}	K,C,X,Z
6	{K,C,Y,Z}	K,C,Y,Z
7	{K,C,W,X,Y}	K,C
8	{K,C,W,X,Z}	K,C
9	{K,C,W,Y,Z}	K,C
10	{K,C,X,Y,Z}	K,C
11	{K,C,W,X,Y,Z}	K,C

从表 5-27 我们可以得出,K,C 在 11 次中都是决定性选民,然而 W,X,Y,Z 都只有 3 次. 使用 Banzhaf 权力指数可以为每一位公司成员计算权力大小,见表 5-28 所示.

表 5-28

成员	Banzhaf 权力指数
K,C	11/(11+11+3+3+3+3)=11/34
W,X,Y,Z	3/(11+11+3+3+3+3)=3/34

通常委员会的选举仅仅是在打破平局时才使用. 事实上这正是美国参议院的选举方法.

实践与思考

1. 使用表 5-29,确定下面使用博尔达计数法选举的获胜者和每个候选人的得分.

表 5-29

优先权	票数			
	8	7	5	7
1st	C	D	C	A
2nd	A	A	B	D

优先权	票数			
	8	7	5	7
3rd	B	B	D	B
4th	D	C	A	C

2. 使用表5-30,确定下面使用"多数—淘汰"法进行选举的获胜者.

表 5-30

优先权	票数				
	8	9	5	4	2
1st	C	E	B	A	A
2nd	A	D	C	D	C
3rd	B	B	E	B	B
4th	E	C	A	C	E
5th	D	A	D	E	D

3. 使用下面的表5-31重做例5-4,利用成对比较法确定应将哪种菜品添加到连锁饭店的菜单中.

表 5-31

优先权	票数					
	985	864	1 156	1 021	1 187	1 080
1st	T	T	N	N	B	B
2nd	N	B	T	B	T	N
3rd	B	N	B	T	N	T

4. 使用博尔达计数法和下面的表5-32,确定选举是否满足**绝大多数标准**.

数学与现代生活

表 5 - 32

优先权	票数			
	8	10	5	2
1st	C	D	C	A
2nd	A	A	B	B
3rd	B	B	D	D
4th	D	C	A	C

5. 完成下面的投票,以便在一对一的选举中不仅使得 B 击败 A 和 C,也使 C 击败 A,见表 5 - 33 所示.

表 5 - 33

1st	A	A	A	B	B	C	C
2nd						B	B
3rd						A	A

从中我们发现,即使最多的选民喜欢 B 和 C 超过 A,但是使用**多数选票法**,还是 A 获得选举的胜利.

6. 使用成对比较法,确定下面表 5 - 34 中的获胜者是否违背了**独立无关选择标准**?

表 5 - 34

优先权	票数			
	5	3	3	1
1st	W	Z	Y	Z
2nd	X	W	X	W
3rd	Y	Y	Z	W
4th	Z	X	W	Y

当你在海滩漫步时,你可曾想过海岸线有多长呢? 冬天,当雪花落下来时,你可曾留心过每个雪花的轮廓曲线是什么样的?……

　　上升的香烟烟柱破碎成缭乱的旋涡,旗帜在风中前后飘拂,龙头滴水从稳定样式变成随机样式,云彩的形状、闪电的径迹、微血管的缠结、星体形成银河星团、高速公路上阻塞的汽车、飞机飞翔,这些都涉及一个深刻的问题——混沌.

　　我们人类生活的客观世界本是一个不规则和支离破碎的极其复杂的世界!

　　自然界的不规则、不连续和不稳定的方面,一直是科学的难题,或许更糟些,是无法理解的怪物.但是在 20 世纪 70 年代,美国和欧洲的少数科学家开始找到了无序的门径.他们是数学家、物理学家、生物学家和化学家,他们都在寻求各种不同的不规则现象之间的联系.混沌打破了各门学科的界限.

第一节　分形几何

　　传统的欧几里得几何学在对客观事物研究之前总是把研究对象理想化成一个个规则的形体.为此,当代数学家曼德布罗特提出分形几何,与欧几里得几何图形相比,拥有完全不同层次的复杂性,给人们提供了一种描述这种不规则复杂现象中的秩序和结构的新方法.

　　俗话说"见一知十","窥一斑知全豹",其实在这些平常的自然现象和简短话语中蕴含着深奥的数学知识,即不规则碎片的"自相似性".

　　所谓不规则碎片的"自相似性",就是当把整体分解成部分时,其分成的各部分与分解前的整体具有完全形同的特点,这就属于我们上面所说的曼德布罗特的分形几何的知识.

一、谢尔宾斯基三角形、地毯、海绵

　　1915～1916 年间,波兰数学家将三分康托集的构造思想推广到二维平面、三维空间,构造出奇特的几何图形,分别称之为谢尔宾斯基三角形、地毯、海绵.其显著特征是:图形的任何一个部分都是整体的缩影,即后来所说的自相似性.

将一个正三角形等分成 4 个小正三角形,去掉最中间一个,对其余 3 个重复上述过程,即得谢尔宾斯基三角形,如图 6-1 所示.

图 6-1

将一个正方形等分成 9 个小正方形,去掉最中间一个,对其余 8 个重复上述过程,即得谢尔宾斯基地毯,如图 6-2 所示.

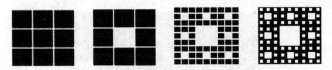

图 6-2

将一个正方体等分成 27 个小正方体,将不在大正方体棱边上的 7 个去掉,对余下 20 个重复上述过程,即得谢尔宾斯基海绵,如图 6-3 所示.

图 6-3

这些几何图形维数不是整数维的,按自相似维数的定义可以算出上述三种图形的维数分别为:$D_s = \dfrac{\ln 3}{\ln 2} \approx 1.584\ 9$,$D_s = \dfrac{\ln 8}{\ln 3} \approx 1.892\ 8$,$D_s = \dfrac{\ln 20}{\ln 3} \approx 2.726\ 833$.

二、英国海岸线的长度

"英格兰的海岸线到底有多长?"这个问题最早是由石油法国数学家曼德布罗特(Mandelbrot)提出的.也许你会认为,这个问题太简单了,要测量海岸线那还不容易,利用地图或航空测量都能获得答案.1967年,曼德布罗特在《英国的海岸线有多长? 统计自相似性与分数维数》这篇文章中做出了惊人的回答:"无论你做得多么认真细致,你都不可能得到准确答案,因为根本就不会有准确的答案.英国的海岸线长度是不确定的! 它依赖于测量时所用的尺度."

曼德布罗特研究中最精彩的部分是1980年他发现的并以他的名字命名的集合,他发现整个宇宙以一种出人意料的方式构成自相似的结构(如图6-4).曼德布罗特集合图形的边界处,具有无限复杂和精细的结构.如果计算机的精度不受限制,那就可以无限地放大它的边界.图6-5、图6-6就是将图6-4中两个矩形框区域放大后的图形.当你放大某个区域,它的结构就在变化,展现出新的结构元素.这正如前面提到的"蜿蜒曲折的一段海岸线",无论怎样放大它的局部,它总是曲折而不光滑,即连续不可微的.微积分中抽象出来的光滑曲线在我们的生活中是不存在的.所以说,曼德布罗特集合是对传统几何学的挑战.

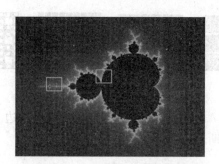

图6-4 曼德布罗特集合

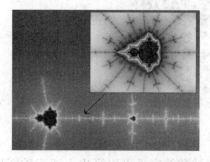

图6-5 曼德布罗特集合局部放大

图6-6 曼德布罗特集合局部放大2

三、雪花曲线

千百年来,雪花不因时间改变六角对称的形式,而智慧的人类却不断加深了对雪花的认识.

19 世纪,科学家用物理学理论对雪花成因给以解释:水汽上升,在高空遇冷冻结成冰晶,形成不很确定的美妙的六角形. 由于温度、湿度的差异,沿不同晶轴的方向增长的速率也不同,便有板状、星状、针状等多种多样的冰晶. 冰晶在云内生长过程中,经历的环境不断改变,因此外观也各具形态.

20 世纪 80 年代,科学发展到用混沌理论对雪花成因进行解释. 科学家发现,表面张力对正在固化的物质的分子结构无限敏感. 在冰晶情形中,自然的分子对称导致 6 个生长方向的内在优先. 而稳定性和不稳定性的混合可以放大这种微观优先,导致形成雪花的几乎分形的花边结构,如图 6-7 所示.

(a)　　　　　　　　　(b)

图 6-7

为此瑞典人科赫于 1904 年提出了著名的"雪花"曲线,这种曲线的作法是从一个正三角形开始,把每条边分成三等份,然后以各边的中间长度为底边,分别向外作正三角形,再把"底边"线段抹掉,这样就得到一个六角形,它共有 12 条边. 再把每条边分成三等份,以各中间部分的长度为底边,向外作正三角形后,抹掉底边线段,如图 6-8 所示.反复进行这一过程,就会得到一个"雪花"样子的曲线,该曲线叫做科赫曲线或雪花曲线,如图 6-9 所示.

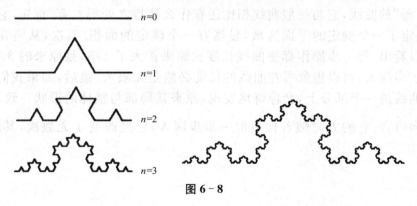

$n=0$

$n=1$

$n=2$

$n=3$

图 6-8

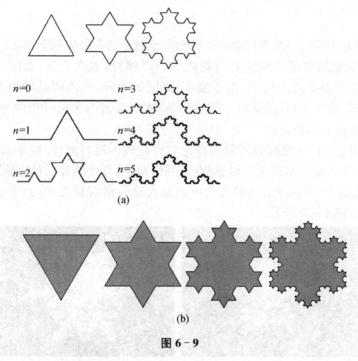

(a)

(b)

图 6-9

在各边中每进行一次正三角形的制作过程,其长度就会增加 3/4. 从中我们可以看出,科赫曲线的周长无限延伸,但总是不会超出一定的范围. 也就是说,在有限的面积内可包含无限的长度.

那么,雪花曲线是几维的? 一般地,在几何中的曲线如直线、圆周曲线等都是一维的,它只有向前或向后运动;曲面都是二维的,拿平面来说,显然它有两个独立方向,能向前或向后、向左或向右地运动;而人类的生存空间是三维的,它有三个独立方向,有上下、左右、前后之分. 因此,维数实际上是物体特征的标志. 从上看出,雪花曲线是一条"永不可得"的曲线,它与一般曲线相比还有什么独特之处吗? 有. 首先,它是一条封闭曲线,限定了一个确定的平面区域,显然有一个确定的面积. 其次,从雪花曲线的构造过程可以看出,每一步操作都使曲线长度比原来扩大了 1/3,是原来的 3/4 倍,随着操作的一步步深入,可以想象雪花曲线的长度必然是无限大. 最后,如果我们将视野集中在雪花曲线的一个部分上,会惊奇地发现,原来其局部与整体的形状一致. 因为雪花曲线无方向可言,它的方向随着构造的一步步深入,已经改变了无数次,其维数 $=\dfrac{\ln 4}{\ln 3}$ $\approx 1.26.$

数学与现代生活

四、植物中的分形

在我们的餐桌上,西兰花、菜花、生菜可谓家常便菜. 在它们身上就凝聚了分形的知识,如图 6-10 所示. 其中的西兰花和菜花的每一个叶体乃至整个蔬菜,都是按照斐波那契数列螺旋排列,百分之百地自然制造,且其中存在黄金比例,充满了数学问题,并且它们的螺旋图案是自相似的,也就是整体图案与局部图案一样,整体的构造按照局部的构造原理组成,是自然界天然的分形图案. 还有,观察生菜叶你就会发现,其上的皱褶部分里又含有皱褶部分,这种结构也是不规则碎片形. 大部分生物体为了形成稳定的结构,喜欢选择物理上的低能量状态. 生菜叶在形成不规则碎片结构时,其能量下降,形成结构稳定的弹性状态. 无论西兰花,还是生菜叶,追求最合理的自然本性与不规则碎片形是一脉相承的.

(a)   (b)

图 6-10

第二节　计算机迭代

什么是迭代法? 让我们先看一道方程题: $x^2 = 2 (x > 0)$,其解是 $\sqrt{2}$. 不错,解是 $\sqrt{2}$,但它到底有多大呢? 如何用小数把它表达出来呢? $\sqrt{2}$ 是无理数,我们希望不开方就能求出它的一系列近似值,而且要多精确就可以算到多精确. 办法是把方程变形为 $x = \dfrac{1}{2}\left(x + \dfrac{2}{x}\right)$,先以 $x_1 = 1$ 为第一个近似数,代入方程右边,得: $x_2 = \dfrac{1}{2} \times \left(1 + \dfrac{2}{1}\right) = 1.5$,再以 $x_2 = 1.5$ 代入,得到 $x_3 = 1.41666$,如此继续,于是得到迭代公式 $x_{n+1} = \dfrac{1}{2}\left(x_n + \dfrac{2}{x_n}\right)$,它产生的一列数就是

$\sqrt{2}$的近似值. 迭代法用人工计算是很麻烦而且枯燥乏味的,但好在人类已经发明了不惧怕繁杂计算而且计算速度又快、计算结果又准确的工具——计算机. 利用它,用迭代法就可以画出美丽的分形图片,如图 6 - 11 所示.

图 6 - 11

如何用计算机迭代产生分形图片呢？注意,这里迭代的不是数,而是点！不妨设取定参数点 A 的坐标为 (c,d),原来点的坐标为 (a_n,b_n),要得到新的一点 (a_{n+1},b_{n+1}),迭代公式是一个二元方程组 $\begin{cases} a_{n+1}=a_n^2-b_n^2+c \\ b_{n+1}=2a_nb_n+d \end{cases}$,且由 $(0,0)$ 开始迭代. 如果通过迭代,得到的一系列点的序列是有界的,则将原来的参数点画为黑色,否则该参数点用白色表示. 这样,在平面上任意选取参数点,根据上述的方法,就能画出变幻莫测、精美之致的分形图片了.

第三节 蝴蝶效应

上海蝴蝶翅膀的一次颤动会引起纽约下雨吗？如果朝天扔一枚硬币,会有怎样的结果？在高山积雪地区,有时在风和日丽的天气里突然狂风大作,山崩地裂,发生雪崩. 难以预测的雪崩现象与硬币的确定性下落,分别代表了自然界两种不同的运动状态:无序的和有序的、变化的和稳定的.

天气预报是把当前的气温、风向、湿度等数据作为初始条件,输入计算机进行计算,以获得明天或后天的气象数据来预报天气情况的.1961年冬天里的一天,科学家洛伦兹在计算机上进行着天气预报的计算工作,这次,他没有把当天的气象数据作为初始条件,而采用了相仿的一组数据.一小时后,当他再看结果时,发现天气变化已迅速偏离了上一次的模式,在短时间内"相似性"完全消失.进一步的计算表明,输入数据的细微差别可能会导致输出的巨大差别.这种现象被称为"对初始条件的敏感依赖性",在天气预报中成为"蝴蝶效应",人们把它形象地描述为"巴西蝴蝶的一次颤动,可能会引起纽约的一场大雨".

其实,这种由于初始条件的细微改变而引起难以预测后果的现象在中国的俗语中也有体现,如:"星星之火,可以燎原";"差之毫厘,谬以千里";"牵一发而动全身".外国也有民谣:"缺了一枚钉,坏了一只蹄铁,跌翻了一匹马;翻了一匹马,死了一个骑士;死了这位骑士,失去了这场战争的胜利".

奇妙的"蝴蝶效应"实际上是现代数学的重要分支——非线性动力系统中一个最基本的概念.

实践与思考

1. 请寻找蕨类植物的一片叶子,观察它的叶子具有什么特征?

2. 请你准备好一张10厘米×10厘米的正方形白纸,在白纸上某处选一个初始点,位置任意,然后起用两条规则,一条"正"规则告诉你移点的方法是"向东北方向移动2厘米",另一条"反"规则告诉移点的方法是"向中心移近25%".现在开始掷硬币和画点,当硬币正面向上就按"正"规则画上一个新点,反面向上则按"反"规则画一新点.当产生了足够多的点后,去掉最先画的50个点,这时你会看到一个奇特的结果,肯定会非常惊讶!

3. 请用计算机迭代法画一幅分形图片,迭代方程自选.

参考文献

[1] 丘成桐等主编. 触觉与数学同行:数学与生活[M]. 杭州:浙江大学出版社,2007.

[2] 吴鹤龄著. 七巧板、九连环和华容道:中国古典智力游戏三绝[M]. 北京:科学出版社,2005.

[3] 谈祥柏著. 乐在其中的数学[M]. 北京:科学出版社,2005.

[4] 编写组. 成语词典[M]. 上海:上海辞书出版社,1996.

[5] 谈祥伯著. 数学与文史[M]. 第2版. 上海:上海教育出版社,2005.

[6] 史树中著. 数学与金融[M]. 上海:上海教育出版社,2006.

[7] 〔英国〕劳斯·鲍尔,〔加拿大〕考克斯特著. 数学游戏与欣赏[M]. 上海:上海教育出版社,2001.

[8] 张景中著. 数学与哲学[M]. 北京:中国少年儿童出版社,2003.

[9] 李俊田著. 咬文嚼数[M]. 北京:新华出版社,2007.

[10] 王建磐主编. 新世纪版十万个为什么[M]. 数学分册. 上海:少年儿童出版社,1999.

[11] 〔美国〕托马斯·皮纳德著. 身边的数学(英文版)[M]. 北京:机械工业出版社,2002.

[12] 〔英国〕韦恩·古德著. 向玲译. 数独4[M]. 海口:南海出版公司,2006.

[13] 罗晓方编著. 数学在你身边[M]. 北京:科学出版社,2007.

[14] 〔加拿大〕马丁·加德纳著. 趣味数学集锦之二[M]. 上海:科技教育出版社,2008.

[15] 〔韩国〕朴京美著. 数学维生素[M]. 北京:中信出版社,2006.

[16] 〔美国〕格雷克著. 混沌:开创新科学[M]. 北京:高等教育出版社,2004.

[17] 易南轩著. 多元视角下的数学文化[M]. 北京:科学出版社,2007.

[18] 胡作玄著. 数学与社会[M]. 大连:大连理工大学出版社,2008.

[19] 张景中著. 数学家的眼光[M]. 北京:中国少年儿童出版社,2003.

[20] 张景中,任宏硕著. 漫话数学[M]. 北京:中国少年儿童出版社,2003.

[21] 杨光伟著. 数学教学文化研究[M]. 北京:教育科学出版社,2009.

[22] Jianpan Wang, Binyan Xu. Trends and Challenges in Mathematics Education[M]. Shanghai:East China Normal University,2004.

[23]　张天孝主编.学数学 用数学(五、六年级)[M].杭州:杭州出版社,2002.

[24]　孙荣恒著.趣味随机问题[M].北京:科学出版社,2004.

[25]　张远南著.图形和逻辑的故事[M].北京:中国少年儿童出版社,2005.

[26]　张奠宙等著.小学数学研究[M].北京:高等教育出版社,2009.

[27]　周而康编著.神童心算[M].北京:大众文艺出版社,2007.

[28]　蒋云鹏.趣说数学与文学[J].数学教学,2010(3):36.

[29]　施淮生.数学概率与投资理财规划[J].辽宁教育行政学院学报,2007(4).

[30]　郝玉芹.应用数学方法分析投资指导家庭理财[J].商场现代化(学术版),2005(5):210.

[31]　张奠宙.数学文化的一些新视角[J].数学教育学报,2003(3).

[32]　张奠宙.一份"函数单元"的文化点清单[J].中国数学教育(高中版),2007(1).

[33]　娄亚敏.大学数学课文化点缺失与重构[J].数学教育学报,2008(3).

[34]　娄亚敏,张琛.小学数学课程中理财观念的渗透及能力培养[D].上海:华东师范大学,2008.

后　记

　　我对数学的认识是逐步深化拓展的,尽管有二十几年的数学教育工作经历,但对数学由衷地热爱才是最近几年的事.以前,与许多年轻人一样,因为考分而学,为了教学而学,学得努力但被动,总觉得数学越学越远离生活场景,越来越索然无味.直到有一天,读到张奠宙教授的一文《一份"函数单元"的文化点清单》,给我以很大的触动,原来数学可以这样去思考,数学教育可以从文化角度去突破.于是一下子买了数学文化类、数学科普类的中外书籍50余本进行狂读,仿佛突然打开了一扇窗,从这扇窗望出去,发现数学竟然可以如此美妙,如此有用!渐渐地本人在高等数学、线性代数、概率统计等课堂教学中尝试融入文化元素、生活元素,学生兴趣盎然.近几年,浙江省中小学教师的菜单式培训搞得如火如荼,使得本人有很多机会能与骨干教师、一线年轻教师面对面互动交流,为他们做"换一个视角看数学——文化视域下的数学"、"感性·理性·数学与文学在此结缘"、"数学与现代生活"、"以生为镜,由学生提问而引发的对教师素养的思考"、"概率的本原、文化、教学设计"、"做一个有情趣的数学教师"等讲座.听讲者反映:"尽管有些数学原理不是太理解,但老师的独特视角让人印象深刻,触动很大".在我校,本人开设的"数学文化"和"数学与现代生活"选修课也已达五年之久,学生的选课热情高涨,加之周边高校邀我开课并选用本人的教材,这些又再次激发本人修订教材的欲望.尽管本人才疏学浅,智力平平,修订这本教材还是觉得深度不够,但我还是想挑战自己,把构想变成文字,以期给数学爱好者、数学教育者提供一些实际生活案例和视角,为数学新课程改革出自己的一份力.

　　衷心感谢我的老师赵焕光教授给予的鼓励和指导,感谢南京大学出版社的吴华老师多次的督促和校正,感谢我的研究生盂爱菊、闫静、刘婷、毕蕴诗,她们为本书的修订做了一些增补、校对工作,感谢我的儿子胡毓超为我书稿中的插图、游戏开发等做的尝试性工作.

　　由于本人水平有限,整合、挖掘相关内容也有一定难度,因此,本书必会存在许多不足以及值得商榷的地方,敬请大家批评指教.

作者 2014 年 12 月 12 日于宁波